U0163208

THE
BRIEF HISTORY OF EVERYTHING

# 诺贝尔奖评委写给孩子的万物简史

[爱尔兰]
卢克·奥尼尔
著

[瑞典]
琳达·法林
绘

朱亚光
译

北京联合出版公司
Beijing United Publishing Co.,Ltd.

# 向导简介

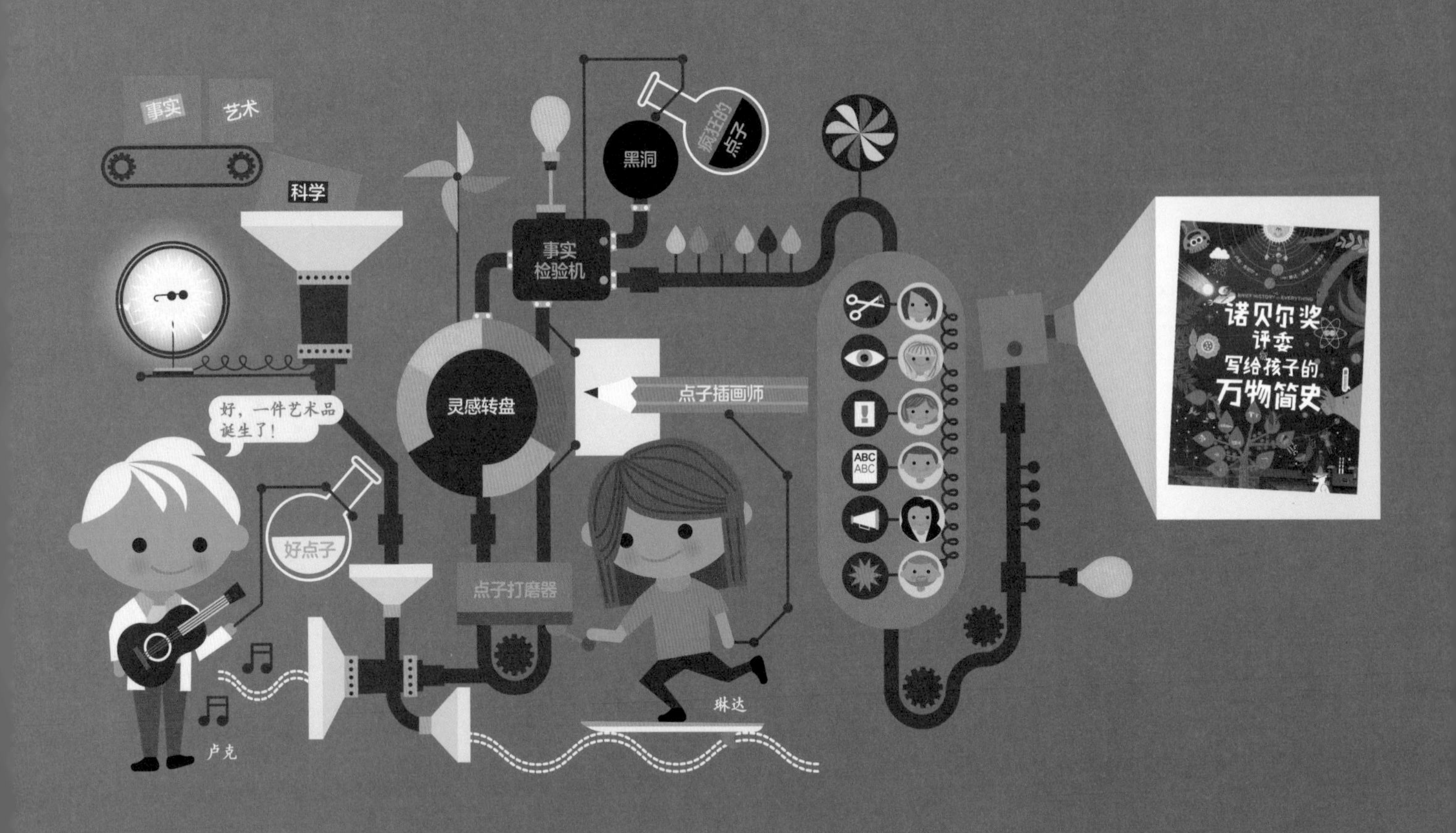


作者

卢克·奥尼尔教授（Professor Luke O'Neill）来自爱尔兰威克洛郡的布瑞。他中学就读于布瑞的天主教男子示范学校，并在那里开启了对生物的热爱（感谢您，穆尼老师！）。中学毕业后，他考入都柏林圣三一学院学习生物化学，后又在伦敦拿到药理学博士学位。他曾在英国剑桥从事免疫学研究工作，后回到都柏林圣三一学院，建立了自己的科学家团队，进一步探索人体神奇的免疫系统（见本书第48页）。他希望通过自己的研究能找到治疗炎症性疾病的新方法。他喜欢所有的科学——那些难啃的除外！

插画师

琳达·法林（Linda Fährlin）来自瑞典斯德哥尔摩，并在那里学习艺术与设计。她曾在澳大利亚工作多年，如今与家人生活在爱尔兰斯莱戈。她的插画工作室毗邻大西洋。在她的绘画台上，你可以找到五花八门的图书，包括教科书、儿童读物和商业画册等。琳达常常从科学中获得灵感，她相信艺术和科学都可以改变人们看世界的方式。在这本书里，她最喜欢的一段科学知识是，色彩是由不同的波形成的（见第77页）。这也是琳达如此钟爱湛蓝的大海和波浪的原因！当她没有画插画，也没在海水里畅游时，她肯定在研究如何通过插画让孩子们学到更多知识！

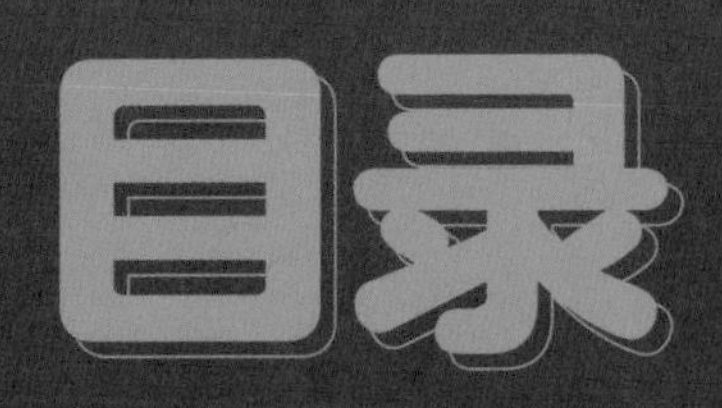

# 目录

# 欢迎加入！

嘿！想和我一起踏上一场科学之旅吗？这趟旅程或许会改变你的人生哟！但我能向你保证，这一路必定会乐趣无穷。

我是一名科学家。我之所以走上科学之路，是因为我从小就对这个世界的运作方式非常着迷。当我听说威克洛山脉是在两万多年前由巨大的冰川冲刷而成时，我的反应是“天哪！”，同时我还想了解得更多。

我们都有过这样的时刻，因为人类是地球上最好奇的生物。假设在一个美妙的夏日，你正坐在公园的草地上，刚吃掉一个冰激凌，感觉舒服极了！你环顾四周，或许你在想：

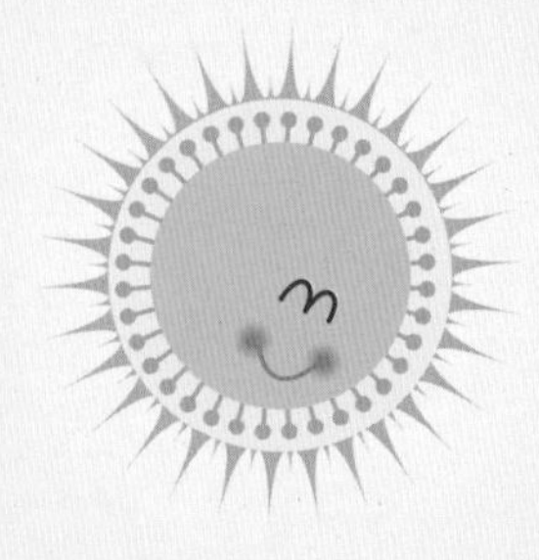

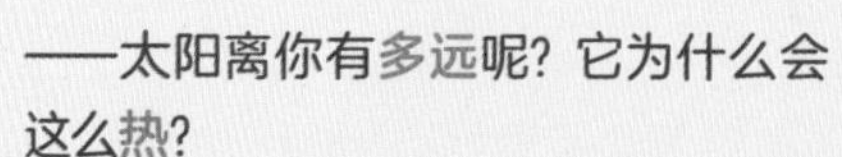

——太阳离你有多远呢？它为什么会这么热？

——草为什么是绿的？它是怎么长出来的？

——为什么鸟儿会飞，而你却不会呢？

——你的身体是怎么消化你刚刚吃掉的冰激凌的呢？

——“哔哔——”你的手机响了。它的工作原理又是什么呢？

嗯，思考这些事情会让你变成科学家哟！科学无处不在，从人类睁开眼睛看世界，并对这个世界产生疑问的那一刻起，科学就存在了。

回想一下：10万年前，你的祖先或许就坐在山洞外面，好奇天上为何会有一团火球。他们或许还在想，怎样才能把树上的鸟儿抓下来饱餐一顿（据可考资料，那个时代是没有冰激凌的）。当然，他们也没有智能手机。不过，思考这些事情同样会让他们成为科学家！

人总爱问问题并试图找到答案。有的时候答案是对的，有的时候就需要多下点功夫了。几个世纪以来，人们把许多事当成了真的，比方说：

——地球是平的。

——牙疼是虫子惹的祸。

——人的性格是由头上有几个鼓包决定的。

——蛆虫会从肉里长出来。

——人类是6000年前出现在地球上的。

不过，科学帮我们证明了这些想法都是错误的！（尽管有些顽固的家伙仍然觉得当中有些是真的。）科学家们每天都会推翻一些错误的猜想，但愿这能帮助我们一点点接近真相（Truth）！

## 那么，这个被称为“科学”的神奇的东西到底是如何运作的呢？

最重要的是要有想法（idea）。在生活中看到身边的一些事物时，我们要学会用大脑思考为什么。但这还不够。

接下来，还必须通过实验（experiment）来证明我们的想法。做实验对科学来说非常重要，因为实验能给我们提供论证这些想法的信息。

然后，通过这些信息，我们会得出一个理论（theory），可以用来解释我们最初看到的那个东西。

想一想：我们知道有的东西能燃烧，比如木头。那木头里面是不是有一种特殊的物质能帮助它燃烧呢？

**想一想：**
用新鲜菜果做的冰激凌真好吃！

**试一试：**
用新鲜菜果做一个冰激凌吧！

**理论：**
新鲜菜果让冰激凌的口味变得更丰富了！

**正解：**
实践出真知。

嗯，接下来，我们来验证这一点吧。先找一根木头称一下，然后把它点燃。当心，别把你的眉毛给烧掉啦！[1]现在我们再来称一称燃烧过后剩下的木炭有多重。很明显，木炭比木头轻。

因此，在燃烧的过程中，木头里有些东西被烧掉了。啊哈！木头里肯定有某种特殊的物质是可燃的！问题得解。

……不过，这只是个简单的答案。科学的意义并非为了找到这种简单的答案，而是带我们**寻求正解**！所以我们不能止步于此。我们还得继续做实验，证明这样的结果不是偶然发生的。我们要用不同的方式，从不同的角度去证明最终的答案是正确的。

如果多做几次实验，你就会发现，木头里消失的东西都变成了烟。这倒不是有什么神奇的物质[2]存在，只不过是一种化学反应罢了。

这就传递了一个关于科学是如何运作的重要信息。我们认为自己的某个想法是对的，并不意味着它实际上就是正确的。人的判断是会出错的，而科学家的职责就是共同探寻**新的证据**，得出正确的理论，为我们进一步揭开真相。到头来，第一个提出想法的人只得接受事实，承认自己最初的想法是错的。（但愿他们不小心烧掉自己的眉毛后不会一无所获。）

曾经，有位聪明的科学家说过：“**科学不是某种知识体系，而是一种思维方式。**”[3]

正因如此，科学才这么伟大。

那么，既然你已经开始像科学家一样思考问题了，那咱们就趁热打铁吧。

在这本书里，我们将踏上一场非凡的科学之旅，带你领略大到**无穷大**和小到**无穷小**的事物。我会先从宇宙开始，带你穿越银河系和恒星系，来到我们的地球，然后掠过地球上的大好河山，进入我们奇妙的身体，再到身体里的细胞，最后到构成万物的基本单位——元素和原子。

对了！书的每一章结尾处都有惊喜哟。我在那里给你列了几个**小实验**，试试看，过一把科学家的瘾吧！

科学是一个很简单的词，但它包含的东西很多很大。这本书中提到的所有东西都有相应的科学分支对其进行研究（没错，就算是大便也有）。所有不同分支一起发挥作用就是科学的奇妙之处。你可能会发现，为了理解书中的某些东西，你需要往前翻或往后翻——这样做会更好。

现在，请系好安全带，我要带你踏上一趟最伟大的旅程。不过，有一点要提醒你：**这趟旅程之后，你会变得跟以前完全不一样！**

1. 如果想尝试点燃木头，请小朋友们一定要在爸爸妈妈等大人的陪同下进行。——编者注（后文若无特殊说明则均为编者注）
2. 事实上，科学家们有很长一段时间都相信这种神奇的物质是存在的，他们称之为“燃素”！——原书注
3. 原文为“Science is more than knowledge. It's a way of thinking”。

好大的一块
奶酪呀！

# 宇宙奥秘

咱们开始吧！遥远的宇宙可是个好地方，就把这里选为旅行的第一站吧！
（事实上，这也是唯一能够作为起点的地方，
因为我们还不知道宇宙诞生前的世界是什么样的——如果那个世界存在的话！）

以前，人们一直认为太阳是绕着地球转的，而星星是天空中燃烧的火把。
几百年后，科学家们证明了其实是地球绕着太阳转，
而星星是距离我们数十亿千米远的火球。如果你现在觉得那些想法不可思议，
试着把自己放在500年前去想吧……

真没想到，人类已经对我们这个小星球和它在宇宙中的位置了解得如此透彻了！
我们成功地发明了望远镜以观察遥远的太空，我们还向太空发射了火箭、宇宙飞船和卫星，
就连人类自己都已经造访过那儿了——就是为了看看外太空到底是什么样子的。

现在该轮到你啦！准备好开启你人生中最奇妙的旅程吧！
你将穿越数百亿千米，探寻数百亿年前的时光。
你就等着大开眼界，感受宇宙的超凡魅力吧！

# 宇宙大爆炸

你很渺小。当然，你也是独一无二的。
可是，和宇宙比起来，你就显得微不足道了。
宇宙可是很大的！宇宙包含万物，
是一切物质、时间和空间的总合。

它真的很大哟！准备好了吗？
我们将和一些巨大的数字打交道了。

## 一切从大爆炸开始……

138亿年前……

（我们怎么可能知道138亿年前发生的事呢？你记得上个星期发生了什么吗？一年前呢？你知道你的爷爷奶奶还是孩子的时候发生过什么吗？那么100万年前呢？138亿年前呢？这个想法或许很疯狂，可这一切是真实存在的。）

……整个宇宙挤在一个比大头针的针头还要小1000倍（甚至更小）的小泡泡里。在这个小泡泡之外，什么也没有，连时间都不存在。突然，这个小泡泡“砰”的一下爆开——宇宙大爆炸——宇宙诞生了。时间、空间和物质都在那一瞬间形成，宇宙的各个组成部分开始向外扩展，最终变成了现在这样——浩瀚无垠！

它实在太大了！连科学家也不知道它到底有多大，甚至不知道怎样才能测出它的尺寸。这就好比“盲人摸象”，你能摸到大象的长牙、尾巴和脚指甲，却无法知道大象有多大！不过，科学是很巧妙的，我们可以用一个叫“光年”的概念来试一试。

砰！

## “光年”是什么？

它和“年”可没什么关系！光的传播速度极快，约为30万千米/秒。这个速度肯定会让你头晕目眩的！（“光”的知识详见第80页。）一“光年”就等于光在一年中移动的距离：94600亿千米！

打个比方，你和光赛跑，发令枪响，你迈出第一步的时候，光就已经超过你30万千米了。这相当于绕了地球7圈半，这速度就连猎豹也望尘莫及。世界短跑冠军尤塞恩·博尔特（Usain Bolt）在光的面前也只能甘拜下风。而一只乌龟要想绕地球爬一圈，恐怕得花上四年多的时间！

你有没有注意到，离蜡烛越远看到的烛光就越微弱？对，同样的道理，天文学家也是通过星星的亮度来测量它们与地球的距离的。所以，只要测出星星发出的光到达地球的时间，我们就能计算出它们距离我们有多少光年。

除了太阳，离我们最近的一颗恒星叫作“比邻星”[1]，距地球4.24光年远。假如你从你家的后院出发，以50千米/时的速度开车，那要开上9000万年才能到那儿！

1.比邻星（Proxima Centauri），位于半人马座。

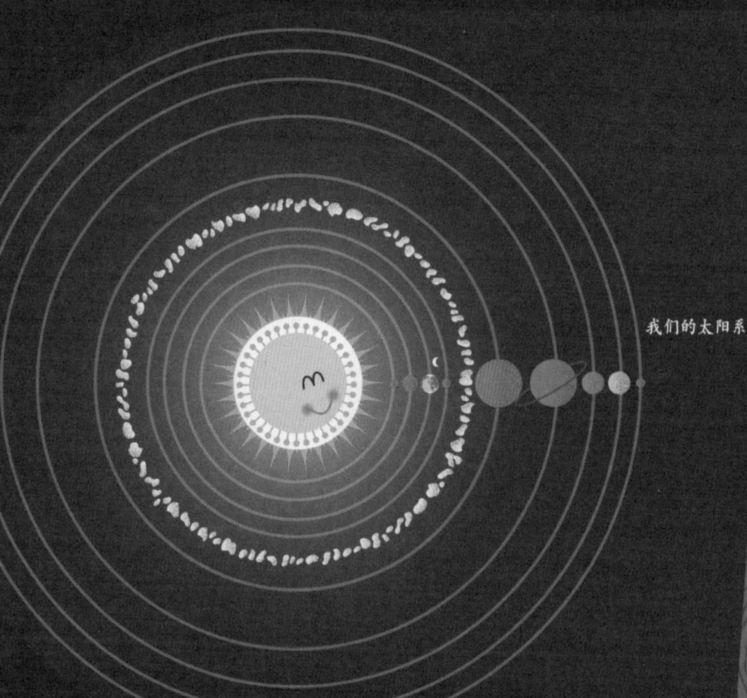

## 通往星星的“天梯”

为了测量浩瀚的宇宙，天文学家采用了一种“宇宙距离阶梯”——有史以来最了不起的“梯子”。

- 第一梯级把我们带到了太阳系。
- 第二梯级把我们带到了恒星系。
- 第三梯级把我们带到了近邻星系。
- 最后一个梯级把我们带到了极其遥远的星系。

## 原来如此

有了这架梯子，我们终于能丈量出宇宙的直径了，足足有……“锵锵锵锵！”……**930亿光年**！这个数字实在太大太大了——或许再也找不到比这更大的数字了。就算用“广阔无垠”也不足以形容它。

罗斯伯爵三世威廉·帕森斯

**英裔爱尔兰天文学家。**
**19世纪40年代，他在爱尔兰奥法利郡的比尔城堡打造了一架巨大的天文望远镜。凭借这架望远镜，这位罗斯伯爵观察并记录了许多星系。**

# 走进宇宙

宇宙实在太大了。
到底有什么东西能把它填满呢?
那可是一整个宇宙啊!

假设宇宙是个足球。
咱们来看看它里面有什么。

宇宙中仅有5%的物质是我们能看到的，
比如恒星、行星以及一些由巨大的岩石形成的
小行星、陨石和彗星。

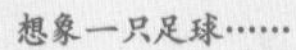
想象一只足球……

里面装着这些东西：

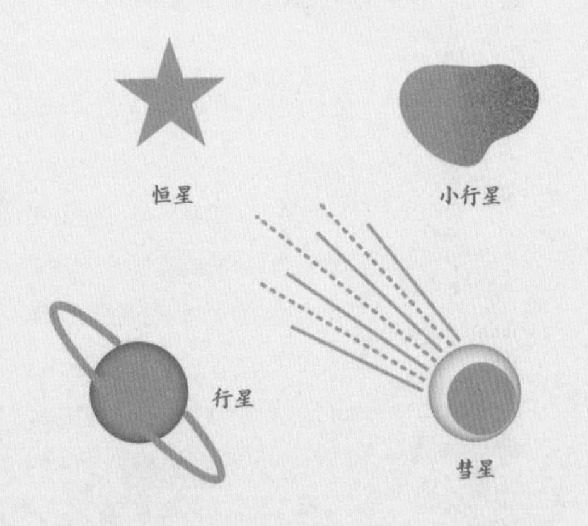

## 有吸引力的想法

恒星和行星的形成都离不开一种力，这种力的名字叫引力，它能让所有的物质都聚集在一起（请跳到第82页了解更多“引力”的知识吧）。一个东西越重，或者说质量越大，它的引力就越大。这就意味着像行星和恒星这样的大家伙有很强的引力。

因为地球引力的存在，我们才不会飘向太空。虽然太阳的引力更大，但它离我们足够遥远，所以是不会把我们吸过去的……咳!

# 寻找“大象”

有一种物质，几乎占据了整个宇宙的四分之一，可我们对它一无所知。我们既看不见它，也探测不到它，然而天文学家笃定这种物质一定存在，它就是**暗物质**。

什么？没有证据，那他们凭什么确定那东西一定存在呢？

嗯，那就要去寻找蛛丝马迹了。再想想“盲人摸象”的故事吧。虽然看不见大象，但只要你摸到大象的鼻子、腿和身体，就能猜到那是大象。科学家就是把这些点点滴滴的证据结合起来得出理论的。他们断定，倘若没有暗物质，宇宙里的所有星系将会朝着四面八方乱飞，甚至根本不会有星系形成。暗物质就是拉住它们的“锚”。

还有一个证据就是，宇宙中的星系并不是均匀分布的，而是成群结队地**聚集**在一起，构成一个网状结构的，我们称之为**“宇宙网”**。暗物质将这些聚集体穿在一起——有点像挂满雨水的蜘蛛网，每个星系都是一颗小水珠，蜘蛛网就是暗物质。（但愿科学家们最后不会发现一只大蜘蛛……）

天文学家还在一次壮观的宇宙“撞车”事故（两个巨大的星系团撞在了一起）中发现了其他证据。在碰撞的外缘，科学家们观察到暗物质把光线弄弯了。试想一下，假如太空中有声音（实际上是没有的，去第77页找找为什么吧），那么两个星系碰撞的爆炸声该有多恐怖啊！

科学家们给他们所认为的暗物质的组成成分取了一个名字，叫作“弱相互作用大质量粒子”（Weakly Interacting Massive Particles），简称“WIMP”。它们其实一点也不弱——它们就像黏合剂一样，能把宇宙万物牢牢地“粘”在一起！

科学家们试图通过一台名叫“大型强子对撞机”（Large Hadron Collider，简写为“LHC”）的设备制造出这些**WIMP**。LHC是一台巨大的环形机器，在法国和瑞士交界处的地下深处运行。如果把它拉直，你会发现它长达27千米。这台机器将粒子束朝相反方向发射进环形隧道，让它们相互碰撞（请翻到第67页）。这个碰撞过程可能会释放WIMP，从而证明这些粒子的存在。不过，仍然有一些科学家对此持怀疑态度。

# 暗能量

因此，在宇宙中，我们能看到的物质只占了极小的一部分，暗物质占的比重较大。那么，剩下的70%又是什么呢？

这70%就是**暗能量**。到目前为止，我们对它知之甚少，只知道它能让宇宙膨胀——有点像填充足球的气体。不过，天文学家和物理学家正在积极探索，试图为我们揭开暗能量的神秘面纱。

没错！我们的宇宙中有很大一部分都是看不见、摸不着的。嗯，咱们继续前进，看看能不能了解得更多一些。

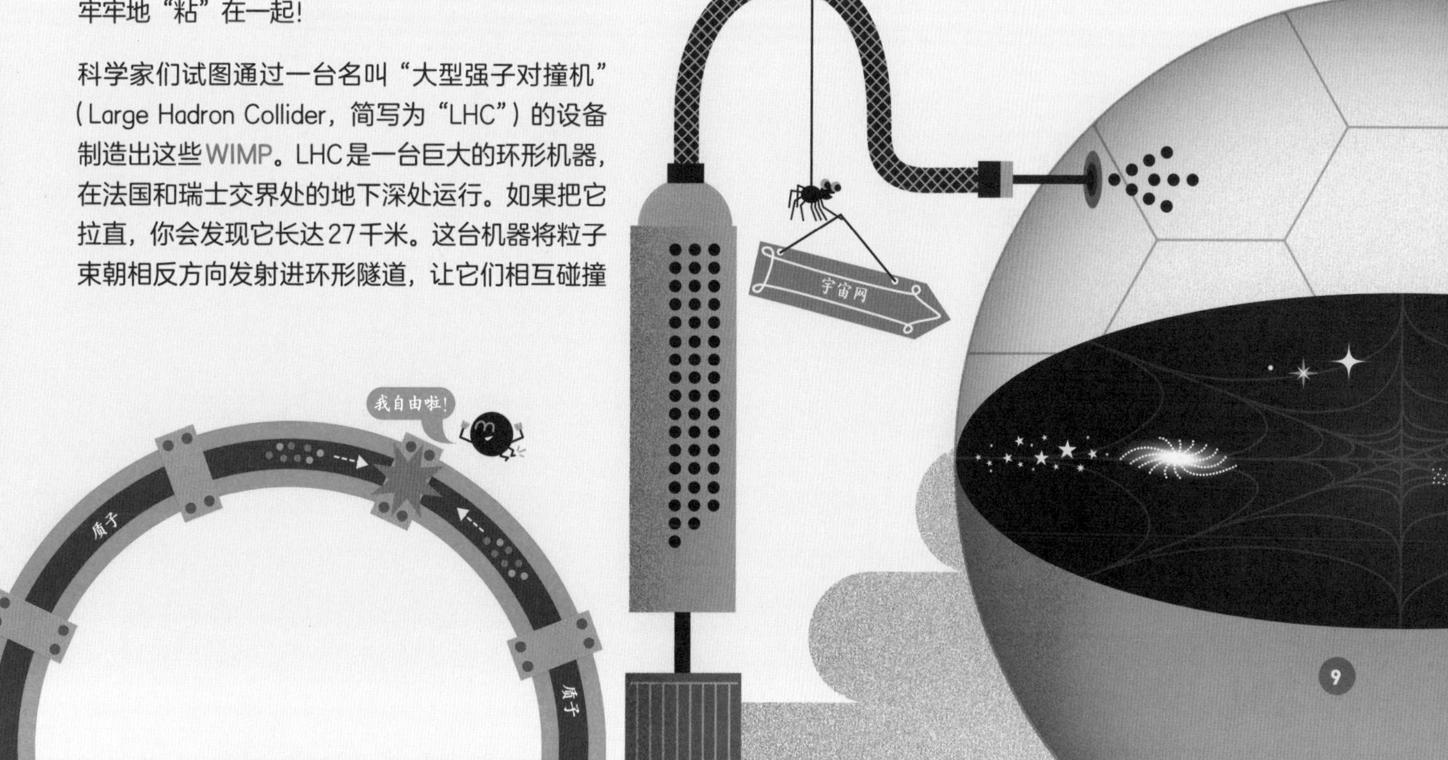

# 恒星与星系

除了暗物质和暗能量，宇宙是由我们能清楚探测到，甚至能用肉眼观察的，比如星系、恒星和行星。

## 璀璨“星”城

星系是由恒星组成的庞大的天体系统，就像一个个星星的“社区”。科学家们认为，宇宙中星系的总数量高达2万亿（这可是个超乎想象的大数字！就算把地球上所有的沙粒加起来也没这么多）。

我们的太阳和其他约1000亿颗恒星存在于同一个星系中，这个星系就是“银河系”。大部分星系都不是单独存在的，它们会成群聚集，就像城市扩张一样，由“社区”变成“城镇”，再变成“大都市”。我们所在的银河系属于室女座超星系团，而室女座超星系团则是由10万个星系组成的拉尼亚凯亚超星系团的一部分。拉尼亚凯亚这个词来源于夏威夷语，意思是“无尽的天堂”！

星系的形状和大小都不尽相同。银河系是一个棒旋星系，它的形状像一个有四条主旋臂的大圆盘。我们生活的地球在银河系的“远郊”——猎户座旋臂上。

银河系的中心是一个黑洞。黑洞是一种不可思议的天体。当一颗质量极大的恒星向中心坍缩时，就会出现黑洞。黑洞拥有非常强大的吸引力，能吸纳一切，连光也逃脱不了。如果你不小心掉进黑洞，那肯定会被扯得四分五裂，一命呜呼！2019年，科学家们成功地拍到了一张黑洞的照片，并把它命名为“梅西耶87号”（M87）。

星系并非静止不动的——大约50亿年后，银河系将会撞上仙女座星系！但你大可不必担心，因为你是看不到那一天的！

# 我们眼中的星星

星星由非常炽热的气体组成，主要是氢气和氦气（请翻到第68页）。在极高的温度和压力下，这些气体经过一个叫作“核聚变”的过程释放出光和热。

**当你看到星星发出的光时，你的视线其实已经落到了极其遥远的地方，而且你看见了过去。因为有些星星的光需要好几百年才能到达地球，所以你看见的星光早在你出生前就已经发出来了！**

当你抬头望向夜空，你看到的星星是白色的。如果你用望远镜看，你会发现星星有着不同的颜色。那些年岁较高、温度较低的星星发出的光是红色的，年轻的、温度较高的星星发出的光是蓝色的。

乔瑟琳·贝尔·伯奈尔女爵

**北爱尔兰天文物理学家。她在1967年发现了一种名叫“脉冲星”的星体。当时，她怀疑自己探测到的无线信号是外星人发出的，所以她把那个信号命名为“小绿人1号”，简称“LGM-1”。**

猎户臂

# 连点成线

早在几千年前，人们就给星星起了名字，还用假想的线条把它们连接起来，构成**星座**。猎户座就是一个很容易辨认的星座，因为几颗星星组成了一个神话中猎人的形象。参宿四是猎户星座中一颗红色的星星，英文名叫Betelgeuse，意思是“猎户的胳肢窝”（希望这位猎户喷了除臭剂，别熏着这颗星星才好）。参宿七是猎户星座中的一颗蓝色星星，英文名叫Rigel，意思是“巨人的左腿”。这些星星都是由阿拉伯天文学家命名的，他们对恒星和行星的研究做出了杰出的贡献。

**星星其实不会闪烁！我们之所以看见星星一闪一闪的，是因为地球的大气层动荡不定，影响了星光的传播。**

**你的星座是什么？过去的人相信，天上诸星的运行会对人类和人世间的一切造成影响。这就是占星学，到今天仍然有人相信占星学，但这并没有任何科学依据！**

夜空中，仅靠肉眼大约能观察到4500颗星星。如果你幸运地拥有一架望远镜，还能看到更多呢。在月明星朗的夜晚，抬头看看星星和星系吧，你一定会惊讶得合不拢嘴的！

# 我们的太阳系

大约46亿年前，
一团巨大的气体云发生了坍缩。
在引力的作用下，
大部分物质聚集在一起形成了一颗恒星。
残留的尘埃经过数百万年慢慢聚拢，
变得越来越大，形成了行星。
这颗恒星和这些行星共同组成了**太阳系**。

今天，我们知道天上的太阳是太阳系中独一无二的恒星，周围有八颗行星绕着它转，其中就包括你此刻看这本书时所在的那颗。此外，这些行星周围还有卫星[1]绕着它们转，时不时还有许多小行星、流星和彗星从它们旁边经过。

我们的太阳系位于银河系的猎户座旋臂上，与猎户座旋臂一起绕着中心旋转。除了地球的自转和公转，我们的太阳同样也在围绕着银河系旋转，从而带着地球和其他行星一起旋转。太阳系绕银河系中心完整地公转一圈需要2.3亿年！你现在是不是觉得有些头晕呢？

**我们的太阳系只是数十亿类似星系中的一个！到目前为止，我们已经在宇宙中发现了大约4000颗行星，但在茫茫宇宙中，或许有多达400亿颗类似地球的行星存在——其中一些很可能有生命存在。**

信不信由你，太阳系中99.86%的物质都位于太阳上，而剩下的大部分物质则位于行星上。太阳系中有四颗内行星（水星、金星、地球和火星）和四颗外行星（木星、土星、天王星和海王星）[2]。它们主要分为两大类：岩石类地行星和气体巨星（又称类木行星）。此外，太阳系还有181颗卫星、566000颗小行星和3100颗彗星。听起来是不是觉得很拥挤呢？可实际上，我们的太阳系绝大部分地方都是空荡荡的！

1. 这里的“卫星”指天然形成的卫星，而不是人类制造、发射的人工卫星。比如，月亮就是地球的天然卫星。
2. 这里的“内”“外”是按照距太阳的距离划分的，距太阳比较近的四颗行星叫内行星，距太阳比较远的四颗行星叫外行星。



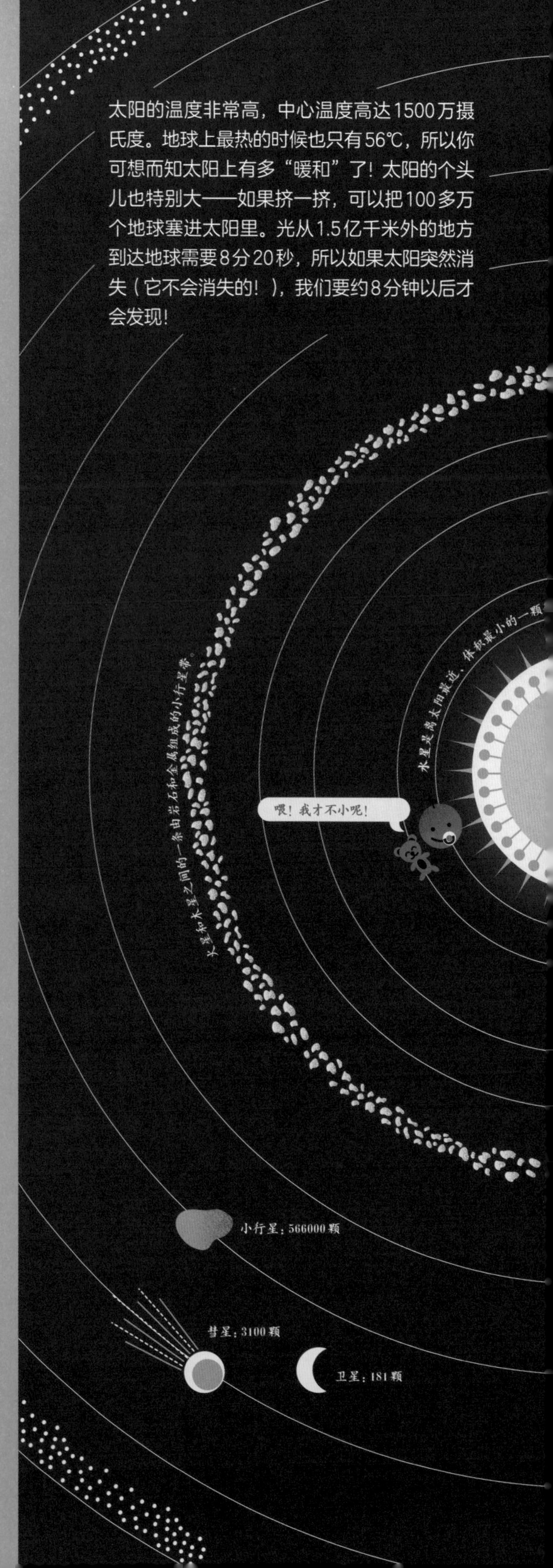

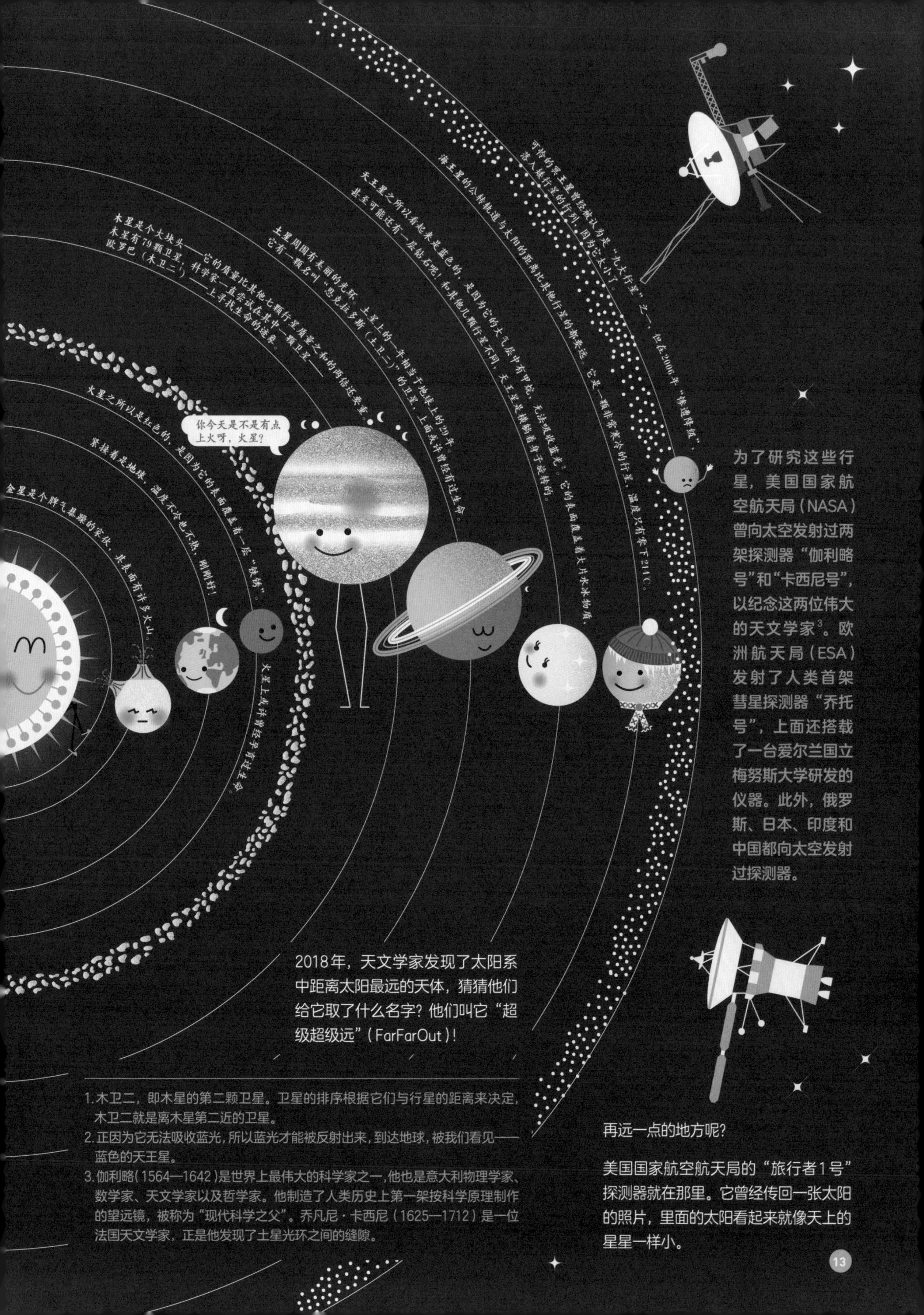


为了研究这些行星，美国国家航空航天局（NASA）曾向太空发射过两架探测器"伽利略号"和"卡西尼号"，以纪念这两位伟大的天文学家[3]。欧洲航天局（ESA）发射了人类首架彗星探测器"乔托号"，上面还搭载了一台爱尔兰国立梅努斯大学研发的仪器。此外，俄罗斯、日本、印度和中国都向太空发射过探测器。

2018年，天文学家发现了太阳系中距离太阳最远的天体，猜猜他们给它取了什么名字？他们叫它"超级超级远"（FarFarOut）！

再远一点的地方呢？

美国国家航空航天局的"旅行者1号"探测器就在那里。它曾经传回一张太阳的照片，里面的太阳看起来就像天上的星星一样小。

1. 木卫二，即木星的第二颗卫星。卫星的排序根据它们与行星的距离来决定，木卫二就是离木星第二近的卫星。
2. 正因为它无法吸收蓝光，所以蓝光才能被反射出来，到达地球，被我们看见——蓝色的天王星。
3. 伽利略（1564—1642）是世界上最伟大的科学家之一，他也是意大利物理学家、数学家、天文学家以及哲学家。他制造了人类历史上第一架按科学原理制作的望远镜，被称为"现代科学之父"。乔凡尼·卡西尼（1625—1712）是一位法国天文学家，正是他发现了土星光环之间的缝隙。

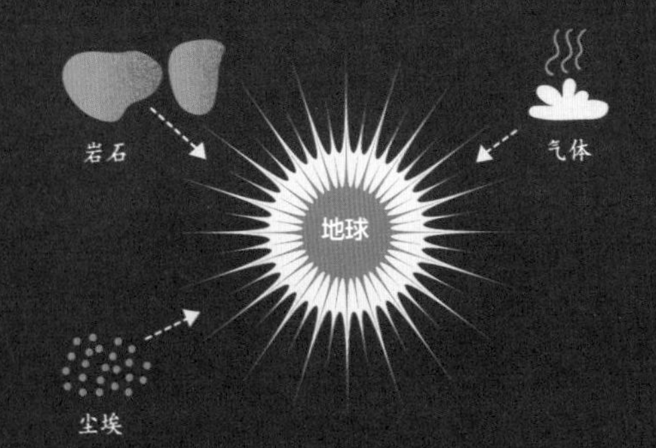


# 地球和月球

1969年踏上月球时，尼尔 · 阿姆斯特朗（Neil Armstrong）竖起一根大拇指就能完全挡住下面的地球。但他说，他当时并不觉得自己变得有多大，反倒觉得自己很渺小。

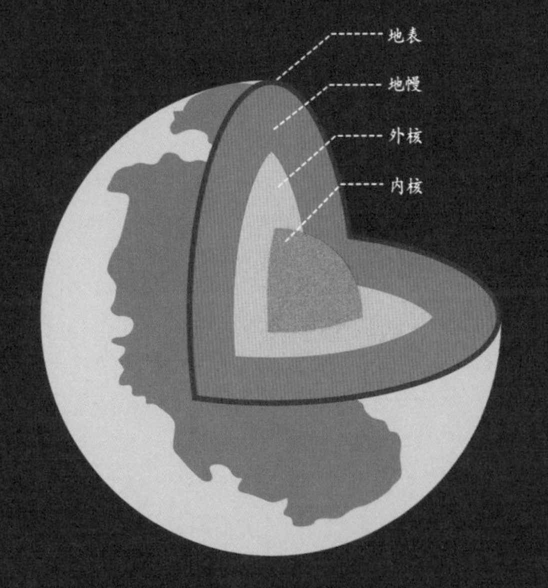


## 幸福的家园

我们的家园——地球——已经有45.4亿岁了。它是在宇宙大爆炸90亿年后形成的。地球形成之初，一团尘埃、气体和岩石碰撞在一起产生了大量的热，将这些物质熔化成液态岩石，而其中较重的元素向内沉降，形成了年轻地球的核心。

由于地心的高压，炽热且密度较大的内核变成了固态。地球的外核则由熔融的铁水和镍水构成。这些液态金属的移动让地球变成了一个磁场（请翻到第73页）。地幔是由熔融的岩石——岩浆，它们处于不断流动的状态——组成的。最外层的岩浆冷却凝固形成地壳，也就是我们生活的岩石表层。

## 形成初期

早期的地球上布满了火山。这些火山释放出的气体在地球周围形成了稀薄的大气层，其主要成分是甲烷和硫化氢等有毒气体——当时的地球就像一颗巨大的臭气弹！

地球内部的岩浆以火山爆发的形式沿着地壳裂缝喷出地表。随后，岩浆向四周蔓延，逐渐冷却变硬（去第20页瞧瞧吧），最终形成一块巨型地块，被称为“泛大陆（Pangaea）”。

“泛大陆”四周被海洋包围，其中一部分海水是由大气中的水蒸气形成的，另一部分则来自撞向地球的彗星。数百万年后，泛大陆分裂成我们今天见到的大陆——亚欧大陆、非洲大陆、北美大陆、南美大陆、南极大陆和澳大利亚大陆。

这些大陆一直在地球流动的地幔上漂浮不定，就像热锅里的蜡块一样，这就是“板块构造论”。它们有时会相互摩擦，引起地震，或者撞在一起，把地壳挤成山脉。喜马拉雅山就是印度撞上亚洲大陆后形成的[1]——而且它每年都在长高！

火山岛是在海底喷发的巨型火山，只有火山口露出海面。夏威夷群岛就是由五座大火山组成的，如今它是140万居民的家园！

1. 更准确的说法应是，印度洋板块撞上亚欧板块后形成的。
2. 火奴鲁鲁（Honolulu）位于夏威夷群岛，是美国夏威夷州的首府。由于早期盛产檀香木并被运往中国，火奴鲁鲁也被中国称为“檀香山”。

# 月球漫步

遨游太空你会发现自己特别渺小！

大约45亿年前，地球撞上了一颗名叫“忒伊亚”的行星。现在想想，那真是一道壮观的风景啊！它们碰撞后产生的大量尘埃聚集形成了月球，从此它便开始绕着地球运行。我们之所以知道这一点，是因为月球上的岩石成分和我们地壳中的岩石成分一样。这些岩石在碰撞中飞入太空，之后聚集在了一起。不管你听过什么样的说法，月亮反正不是奶酪做的！

在阿波罗计划[1]中，美国国家航空航天局一共完成了六次载人登月飞行任务。

月球表面布满了陨石坑——流星撞向月球后形成的坑洞。月球表面还覆盖了一片黑色的“海”，叫“月海”。过去，天文学家认为那里面装满了水，但现在我们知道，“月海”是由古时候的火山留下的坚硬岩石构成的一片巨大的干旱区，里面一滴水也没有。

地心引力让月球停留在固定的轨道。它和地球就像两个舞者，互相绕着对方旋转。虽然月球离地球384400千米，但它仍然对地球有影响。月球的引力一直拉扯着地球上的海洋，从而产生了潮汐现象。此外，因为月球的大小以及它与地球之间的距离，它有时刚好能完全挡住太阳射向地球的光，形成“日食”。

迄今为止，只有12个人登上过月球。

1. 阿波罗计划又叫阿波罗工程，是美国在1961年到1972年进行的一系列载人登月飞行任务。作为世界航天史上里程碑式的成就，其带来的科技成果令人类受益至今。

约翰·乔利
（1857—1933）
爱尔兰物理学家和地质学家。
他因通过放射现象研究地球的年龄而闻名。
他曾提出地球存在了8000万~9000万年，
这比当时其他人提出的时间要长得多。
而且，利用放射疗法治疗癌症
也是他提出来的。

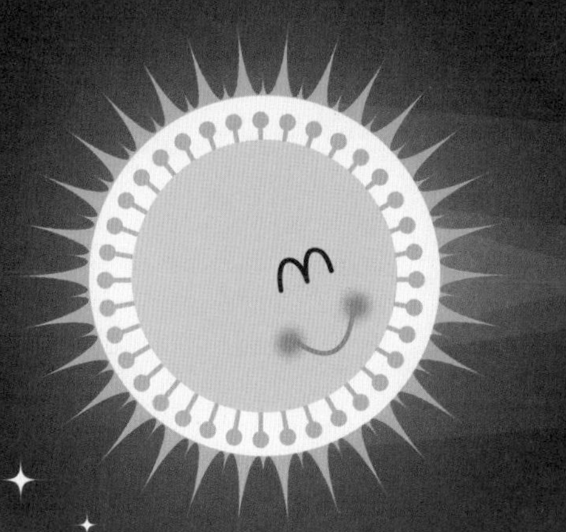

# 宇宙：未来

我们会在其他行星上找到生命吗？
这似乎变得越来越有可能了，
因为天文学家一直在宇宙中寻找绕着
另一个“太阳”旋转且适合生存的行星。
他们猜测宇宙中大概有400亿颗这样的行星
（想象一下，400亿颗和地球一样的行星啊！），
那么总有几颗能孕育出生命吧？

问题是，如果宇宙中真的有生命存在，他们说不定在人类进化成高级生物前就给我们发出过信号。那些外星人肯定觉得很失望，对吧？由于没收到任何回复，地球对他们来说一直处于失联状态。还有一点，宇宙不是静止的，宇宙万物一直在不断地膨胀，这就意味着那些可能存在的生命体正在离我们越来越远。

与此同时，美国、俄罗斯、中国和日本都在计划实现各种各样的航天任务，而且，像太空探索技术公司（SpaceX）的掌门人埃隆·马斯克（Elon Musk）之类的企业家也没闲着。国际空间站每天都会绕地球运行16圈——对宇航员来说，一天看16次日出和日落一定觉得很混乱吧！今后还会有更多人被送往太空，研究太空对人类的影响，为太空移民做准备。

美国国家航空航天局正在打造史上最强的新一代望远镜，以替换目前太空中的哈勃望远镜。等到这架詹姆斯·韦伯望远镜被送入太空时，它将比以往的任何望远镜都看得更远——科学家们将会看到134亿年前宇宙的样子，那时大爆炸刚发生不久。目前，都柏林高等研究学院的科学家们正在积极参与这架望远镜的研发工作。

此外，美国国家航空航天局计划发射更多的火星探测器，以寻找火星上是否有生命存在的迹象。2019年2月，其中一枚火星探测器结束了它的火星之旅。据美国国家航空航天局透露，这枚名叫“机遇号”的火星探测器传回的最后一条数字消息的意思是：“我快没电了，天要黑了。”[1]遗憾的是，那枚探测器再也没有醒过来，地球上的科学家们给它发送了一首名为“*I'll Be Seeing You*”（《后会有期》）的歌曲为其送别。不过，“机遇号”已经完成了它的使命，给我们发回了许多有用的信息，而另一枚“好奇号”探测器则仍在火星上坚守。

除了火星，他们还计划把人类送入月球轨道，并再次登陆月球，或许还会向别的行星挺进。他们甚至计划在行星和小行星带建造采矿点和燃料站。

当科学家们继续探索太阳系和太阳系之外的未知世界时，谁知道会有什么新奇观在等待着我们呢？或者你以后也可以当一名天文学家。不过，你的动作要快，因为有些科学家推测宇宙将在大约50亿年后灭亡……

1. 原文为“my battery is low and it's getting dark”。

# 科学小实验

## 想当宇宙学家吗？

在月明星朗的夜晚，去一个远离城市灯光的郊外，抬头看看天空吧。

宇宙学家

月亮将是你在夜空中最先看到的、最引人注目的一个天体。你甚至还有可能看见月亮上的陨石坑和月海。

现在，来找一找星星和星座吧。如果天上一片漆黑，就先让眼睛适应一下，然后你会看见各种颜色、不同亮度的星星。

说不定你还能看见行星呢！水星、金星、火星、木星和土星会在不同的季节出现。行星是不会闪烁的，所以你很容易认出它们。

找一张星象图或者下载一个手机软件，勾一勾你看见的星星吧。如果你有双筒望远镜或单筒望远镜，你还能看到更多的东西呢！

## 想造火箭吗？

找一个500毫升的矿泉水瓶，把四支铅笔用胶带粘在瓶口四周，当作稳定器。

火箭专家

往瓶子里倒三分之一的醋。把两茶匙小苏打倒在一张纸巾上，包起来拧紧。然后把它塞进瓶子里，拧好瓶盖。

把瓶子倒过来，让它立在四支铅笔上。轻轻摇一摇，往后退几步。

发射！

## 想当天文学家吗？

当你看太阳系的示意图时，星球的大小比例和间隔似乎非常完美，但现实并非如此。它们实际上比图片上大多了，间隔也远得多！如果你想了解行星真正的大小，以及它们到太阳的距离，就去厨房里找些东西做个模型吧！不过，你得带着东西去户外才行。

天文学家

把一个大号的沙滩排球放在地上代表“太阳”。现在，用卷尺量出下面的距离，摆出一个“太阳系”吧！

| 行星 | 实物 | 与太阳的距离 |
| --- | --- | --- |
| 水星 | 干胡椒籽 | 4 cm |
| 金星 | 豌豆 | 8 cm |
| 地球 | 豌豆 | 11 cm |
| 火星 | 豌豆 | 18 cm |
| 木星 | 橘子 | 61 cm |
| 土星 | 西红柿 | 98 cm |
| 天王星 | 核桃 | 198 cm |
| 海王星 | 核桃 | 310 cm |

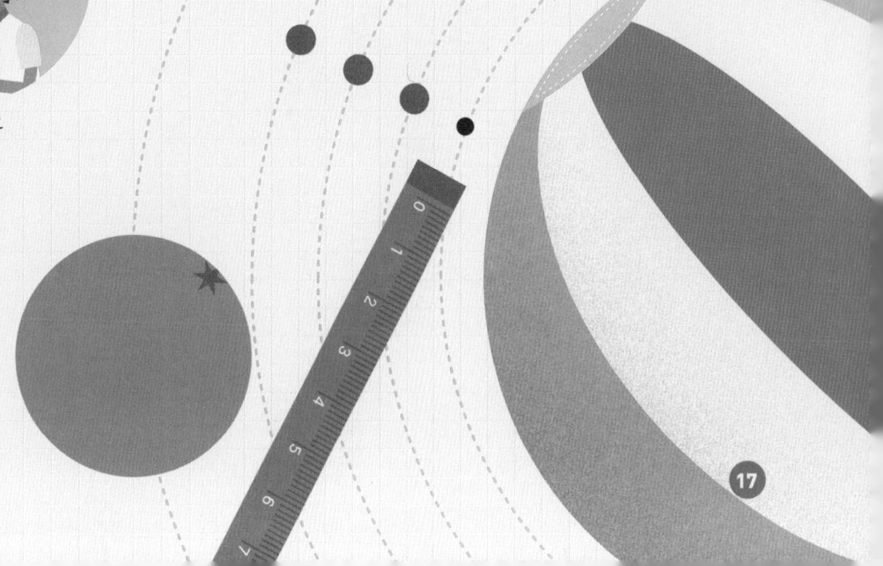

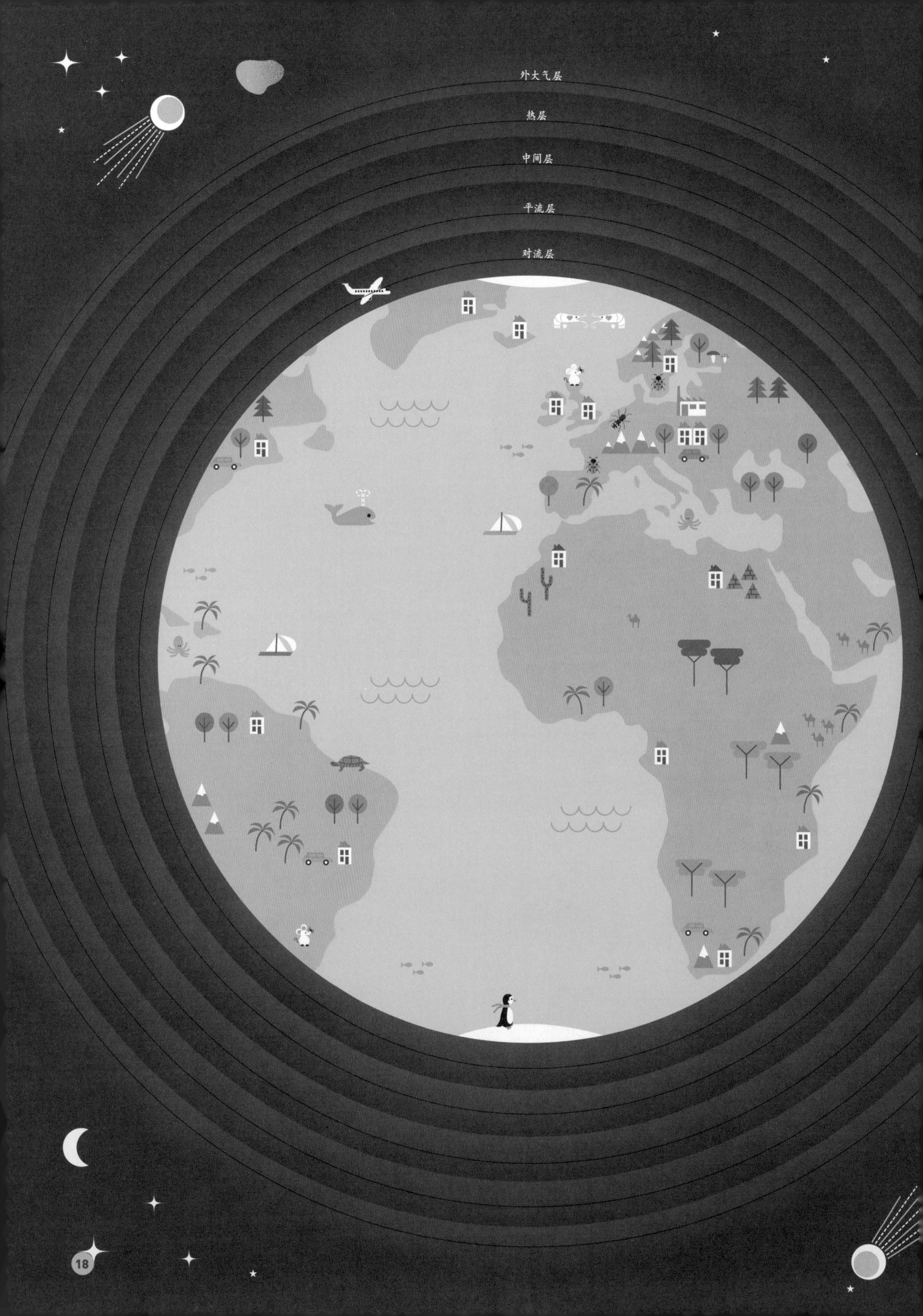

外大气层

热层

中间层

平流层

对流层

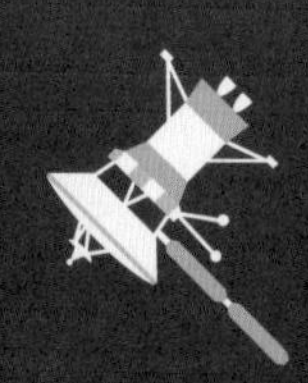

# 地球脉动

好了，咱们现在回到地球上来吧！

从太空看，我们的地球就像一颗蓝白相间的大理石弹珠，不停地绕着太阳转。
随着距离慢慢拉近，我们能逐渐看到地球各种各样的细节。

原来这是一个到处是水的地方，四周缭绕着水蒸气升腾形成的白云，
还有大片大片蓝色的海洋。陆地上遍布着绿色的森林和干燥的沙漠，
星球的顶部和底部覆盖着皑皑冰雪。

再靠近一点，你会发现这片土地并不是平坦的，上面点缀着高山、峡谷、悬崖和火山口。
看！地面上有东西在动——原来是动物们在奔跑、游泳、攀爬和交配。

到了晚上，人类居住的城镇灯火通明。或许其中一盏灯就是你家的。
嘿！咱们再靠近一点瞧瞧吧！

Home Sweet Home

# 地质篇

如果你在脚底下挖个洞，一直往下挖，
你会发现地壳是由各种各样的岩石组成的。
当心！你可能会挖到重金属，
说不定还会遇到神奇的“滚石”[1]……

地球上主要有三类岩石，
有些科学家就是专门研究这些石头的，
我们把他们叫作**地质学家**。

## 你知道火成岩吗？

火成岩是由地幔中的液态岩石（又称岩浆）冷却凝固后形成的。有的火成岩在地球内部就已经变硬，之后才裸露出来；还有一些火成岩是岩浆从火山口喷出地表后形成的。我们把后者称为熔岩。它们的温度非常高——高达1100℃左右，比一杯热茶的温度要高20倍！——不过，熔岩到达地表后会迅速冷却。

和地球上其他地方一样，爱尔兰曾经也布满了火山，所以我们这儿有大量的火成岩。威克洛山脉有一种岩石叫花岗岩，里面还有美丽的水晶呢！北爱尔兰安特里姆郡的巨人堤则是由另一种火成岩——玄武岩——形成的。熔岩冷却后，变成了我们今天看到的六角形石柱。

**你知道吗？火成岩中有一种浮岩，是唯一可以漂浮在水面上的石头。**

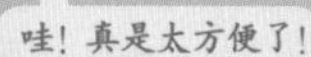

1. 一种地质现象，指岩石在没有动物或人类作用的情况下沿着滑滑的山谷移动并留下长长的轨迹。

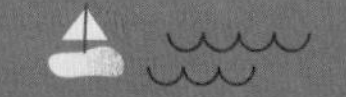
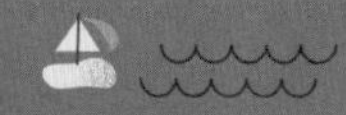
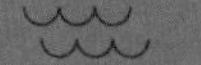

# 凯里郡的化石

第二类岩石叫作**“沉积岩”**。它是沙子、贝壳碎屑和鹅卵石经过数百万年的挤压形成的一种石头。

这附近有树吗？

克莱尔郡的巴伦国家公园是一处风景优美的沉积岩区，那里的沉积岩叫作“石灰岩”。不过，有位英国士兵似乎很不喜欢那里，他说那地方“想跳河，水不够深；想上吊，树不够高；就算想埋在那儿，土也不够多！”。

这种岩石的内部可能存在化石，也就是古时候的动植物（一般是海里的）留下来的遗骸或痕迹（去第24页考考古吧）。在凯里郡的瓦伦西亚岛上，至今还保存着3.65亿年前的四足生物（依靠四条腿行走的动物）离开海洋、登上陆地时留下的“足迹”，这些“足迹”现已成为化石。这些远古的化石证明了它们是第一批爬上陆地的生物。真没想到，这个地球生命史上的大事件竟然就发生在凯里郡！

# 变形计

最后一类岩石叫作变质岩。这种岩石最开始是火成岩或沉积岩，但由于受到高温高压的环境影响，从而发生了变化。这个变化过程叫作“变质”（科学家们的说法）。大理石就是一种变质岩。有时，这种石头中的晶体还会在高温高压下与其他的化学物质混合，呈现出美丽的颜色。在康尼马拉，你能找到一种十分特别的变质岩——绿大理石。

# 生命与进化

这个到处是水和石头的星球是如何孕育出生命的呢？
嗯，年轻的地球似乎处在一个黄金地段，它和太阳之间的距离远近适中，所以地球上既不太热也不太冷，就像童话里“金凤花姑娘”选的粥[1]：温度刚刚好。

## 万物始祖

科学家称生物学家已经找到了能证明37.7亿年前（甚至可能是42亿年前）有生命存在的证据。我们知道，地球是45亿年前诞生的，所以不难推断出，那些生命至少是在3亿年之后才出现的。为什么会需要这么长的时间呢？嗯，这就像一个随机的化学过程，必须满足各种条件，才能孕育出第一个生命体。

我们的星球上有一些有助于孕育生命的特殊物质。年轻的地球表面被水覆盖，水中漂浮着各种各样的化学物质。同时，早期的火山活动产生了大量的热量，

我们从化石中得知，最早离开海洋的鱼儿身上长着用于行走的小胳膊和小脚。提塔利克鱼[2]就是这样一种四足生物。

1871年，著名的生物学家查尔斯·达尔文认为，生命可能起源于一个充满化学物质的“温暖的小池塘”。看来他说得没错！

而加热是一种让化学物质发生变化的好方法——把一些原料放在锅里一起煮，它们会变成新的东西。电也有助于化学物质发生反应，而我们的大气中充满了雷电（第70页的内容会让你大吃一惊！）。这些因素共同触发了某种化学反应，最终形成了第一个细胞。

第一个生命体极其微小——你需要用显微镜才能看得见（去第52页一睹它的真容吧）。但是这个细胞开始不断地自我复制，然后这些细胞结合在一起形成更大的结构，这个结构就叫作“有机体”。同时，不同的细胞开始发挥不一样的作用。地球上所有的生命都起源于那第一个细胞，生物学家称它为“卢卡”——宇宙最终的共同祖先（the Last Universal Common Ancestor，缩写为“LUCA”）。“卢卡”长大后变成了不同的生命形态——把这段很长很长的故事用一句话来概括就是，地球上最终出现了形形色色的物种。

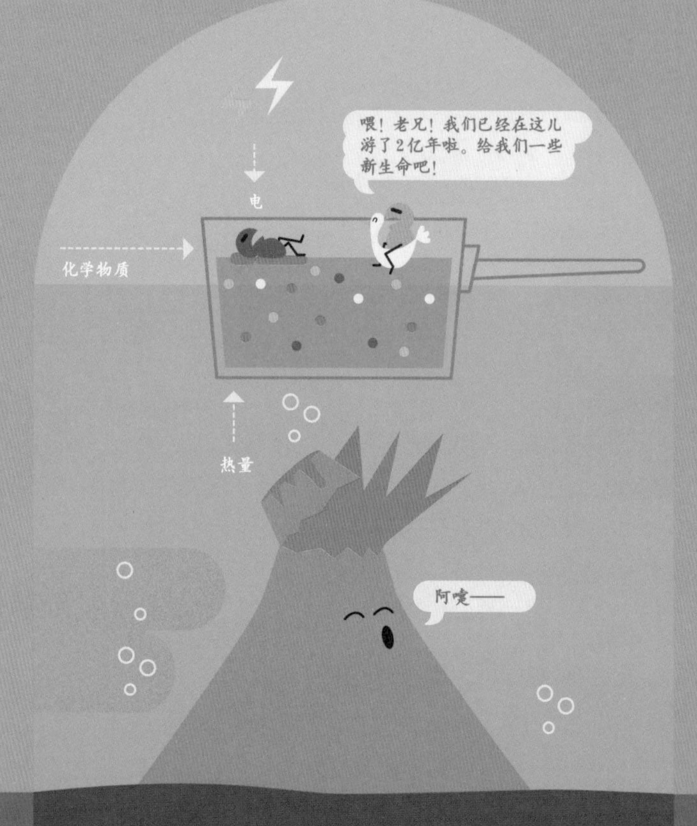


1. 来源于美国童话故事。金凤花姑娘喜欢不冷不热的粥、不软不硬的椅子等刚刚好的东西。
2. 提塔利克鱼（Tiktaalik），一种已经灭绝的、生活于泥盆纪晚期的鱼类，相比于大海里的鱼，它们更适合在浅海区域生存。它们拥有更强壮的肋骨支撑肺部，这让它们能短暂离开浅海，在陆地上活动觅食。

# 进化与竞争

生物学家们也没完全想明白这个问题。他们研究了数千种动植物，发现它们都由像“卢卡”那样的细胞组成，但它们的生活方式、形状和大小千差万别。那么，这些不同的物种到底从何而来呢？

查尔斯·达尔文和阿尔弗雷德·拉塞尔·华莱士在19世纪给出了答案。他们都提出了自然选择理论，意思是说，最能适应环境的动物才会存活下来，进而繁衍后代。

自然选择的发生是因为即便是同一物种，个体之间也存在差异——两只动物繁殖出的后代会有不同的特征，比如更长的爪子、更短的鼻子或更灵活的尾巴（去第54页查查你的特征吧）。在不同的环境中，有些动物可能会比另外一些动物表现得更好，并能存活下来将这种特征传给其后代。这个过程后来被称为“进化”。

打个比方吧，假设猴群中有只猴子的尾巴比同伴们的都要长，那它挂在树上的时候就不容易掉下来，所以它更易于生存下来，进而把这种特征传给它的宝宝。慢慢地，这种尾巴长的猴子就会变得越来越多，乃至最终形成一个新物种。

地球上的物种极其繁多，这就意味着肯定有一种动物能适应几乎所有的环境。但进化不会停止——生命会持续不断地进化。我很好奇，一百万年后的地球上会生活着什么样的物种呢？

# 恐龙时代

尽管年轻的地球上的生命在不断进化，但有很长一段时间，生物的个体都很小，结构也很简单。然而，大约在5.4亿年前，也就是在“寒武纪时期”，出现了一场生命**大爆发**。生物突然开始变得复杂起来，最终形成了各种各样的动植物。

## 地球霸主的时代

恐龙在地球上生活了约1.5亿年，因为它们适应了环境。科学家们找到了各种恐龙留下的骨骼化石（去第37页学着做一块化石吧）。当人们第一次发现那些骨头时，他们常常把它们搞混，结果拼出了各种奇形怪状的生物。不过，现代的科学家们技高一筹，他们能更准确地判断出恐龙的样子。有的恐龙是爬行动物，像大蜥蜴一样，而有的恐龙则更像鸟类。

三角龙的头上长着三个保护自己的犄角。看来恐龙时代可一点也不和平啊！

目前地球上找到的体形最大的恐龙叫“阿根廷龙”，它的身体差不多有三分之一个橄榄球场那么大。

# 恐龙之殇

后来，大约在6600万年前，发生了一件大事。许多恐龙突然死亡，到最后，大部分恐龙族群都灭绝了。那么问题来了……为什么会这样呢？

其中一个最好的解释是，一颗小行星撞击了地球，陨落在了墨西哥的海岸边。那次撞击将大量的灰尘抛向空中，遮挡了阳光。没了阳光，大部分植物都无法生长，地球上70%的生命都死亡了——仿佛进入了一个持续上千年的寒冬。

虽然对恐龙来说这是一次灭顶之灾，但它给了其他物种机会。那些死里逃生的物种有一些进化成了我们今天看到的鸟类，而一切哺乳动物（包括人类）的祖先很可能是一种类似老鼠的生物。随着恐龙退出历史舞台，这些哺乳动物终于有机会在地球上繁衍生息，并最终迎来了属于它们的时代。

恐龙大多以植物为食，尤其是那些个头庞大的，但也有恐龙是吃肉的。最大的肉食性恐龙是“霸王龙”。它长着巨大的颌骨和锋利的尖牙，可以轻易地撕裂猎物，就和草食性恐龙吃草差不多。

最小的恐龙是“小盗龙”，它的体形和棒球棍差不多大。

还有一些恐龙后背长着锋利的骨质板，可以防止自己被其他动物吃掉，比如剑龙，但它们的大脑只有乒乓球那么大。遇到敌人时，它们会让背上的骨质板变红，把对方吓跑！

# 动物世界

虽然动物只占地球生命体的0.36%，
但它们主宰了这个星球的命运。
那么到底什么是动物呢？嗯，动物是活的，对吧？
可是……植物也一样。
动物身上有毛——可有的植物也有！
嗯，看来还得再想想。
有人是这么说的——
动物是一种拥有完整的神经系统……
能够对环境做出反应……
以植物或其他动物为食的生物。
这个定义言简意赅，
相当准确！

## 动物的适应性

动物按其体内是否有脊椎骨可分为两大类，有脊椎骨的叫“脊椎动物”，没有的就叫“无脊椎动物”。比如，人是脊椎动物，蜗牛是无脊椎动物。目前，地球上已知的动物大约有1000万种之多。

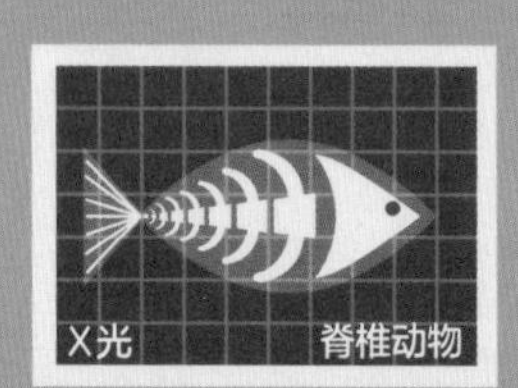

温血动物可以把从食物中获得的能量用于调节体温，比如鸟类和哺乳动物。我们人类可以始终将体温保持在37℃左右。冷血动物无法调节自身体温，它们体温的变化完全是由周围的环境所决定的，比如蜥蜴。有些鱼能生活在几乎结冰的水里，而且还能一动不动。

## 关于动物的十大冷知识：

1. 虾的心脏长在脑袋里。
2. 蜗牛一觉可以睡三年。
3. 鼻涕虫长了四个鼻子。
4. 树懒饱餐一顿后需要两周才能消化。
5. 南极冰川中近3%的冰是企鹅尿。
6. 章鱼不会放屁。
7. 青蛙不会呕吐，但如果吃了有毒的东西，它们会将整个胃都吐出来。
8. 猫之所以会喵喵叫，不是在和同伴沟通，而是为了吸引人类的注意。
9. 袋熊的粪便是方形的。
10. 裸鼹鼠的前牙能像筷子一样夹取食物。

动物的体形有大有小。地球上最大的动物是蓝鲸，身长能达到30米，比两辆公交车加起来还要长。地球上最小的动物是一种原生动物，只有在显微镜下才能观察得到。

在形形色色的动物中，昆虫的家族是最庞大的。你相信吗，它们占了地球上所有动物种类的一半以上。光是甲虫就有35万种，有位昆虫学家已经把它们逐一分好了类（想必他是甲壳虫乐队的忠实粉丝吧）。

动物们已经适应了地球环境，几乎能在地球上的任何角落生活。北极熊可以生活在北极的冰冻荒原上，因为它们的皮毛下裹着一层厚厚的脂肪（保暖）。人类无法在沙漠里生存，可蝎子学会了钻进地下更凉爽的沙子里躲避高温。

**科学家认为有五种有机体是我们赖以生存的好伙伴。蜜蜂便是其中之一，这是因为它们能给我们吃的植物授粉。你能猜出其他四个吗？可别被吓一跳哦！**

灵长类动物、蝙蝠、菌类和浮游生物

## 生命的等式

对于所有的动物来说，生命就像一场斗争。为了生存，它们必须寻找食物，同时不让自己被别的动物吃掉，而且还必须繁衍后代。动物的大多数习性都是由这三件事驱动的。

比如，老虎每天要睡约20个小时。你一定会觉得它们很懒，实际上，它们是在保存体力，这样就能在羚羊出现的时候逮住它美餐一顿了。要是你下楼去喝的一碗麦片粥不能补充你在路上消耗的能量，那你又何必跑这一趟呢？

所有的生命都是一个等式，而动物们很擅长做这种等式运算。

**辛西娅·朗菲尔德**
（1896—1991）
探险家和蜻蜓专家，
来自爱尔兰科克郡。人们称她为“蜻蜓夫人”。她曾在大英博物馆工作，之后周游世界，去收集和发现新的蜻蜓物种。有两种蜻蜓甚至是以她的名字命名的。

# 人类的进化

一路走来，现在终于要讲到我们人类了，或者换一个专业术语来说，
应该叫“智人”，意思是“有智慧的人”。虽然我们只占地球生命体的0.01%，
但我们的活动对地球的影响无疑是最大的。

可我们是从哪儿来的呢?
嗯，和所有的动物一样，我们也是遵循自然选择的进化法则，
从早期的生命形式一步步进化来的。我们最早的祖先可能属于爬行动物，
之后变成像鱼一样的生物，然后变成哺乳动物，
再后来变成灵长类动物（像黑猩猩之类的），最后变成现在的样子。
数百万年来，人类的进化始终遵循着“适者生存”的法则。

丹·布莱德利

爱尔兰遗传学家。他通过DNA分析研究了欧洲人中爱尔兰裔人口的起源。而且，他还发现了牛最早是在什么时候被人类驯化的。

# 人类的故事

智人是30多万年前才出现在非洲大陆的。究竟是什么原因让我们这个物种变得如此特别？又是什么原因让我们从所有的生物中脱颖而出？与其他灵长类动物相比，我们拥有巨大的创造力。我们善于使用工具做各种各样的事情，像切东西和自我防御。我们还会做一些像埋葬死者之类的事，以及从事艺术活动，比如在洞穴墙壁上画画。另外，我们还学会了生火，用来取暖和烹煮食物，从而“喂饱”我们的大脑。

大约10万年前，一小部分人离开非洲，前往中东。大约7万年前，又有一部分人去了亚洲，然后从那里去了澳大利亚，再到美洲。4万年前，我们来到欧洲。直到12000年前，我们才终于抵达爱尔兰（要不是中间出现了冰河时代，我们或许早就到了——去第34页“凉快凉快”吧）。

当人类的足迹踏上寒冷的北方地区时，我们开始穿兽皮和生火御寒。正是靠着这样的创造力，我们才得以生存下来。不仅如此，我们还在中东地区发展出了农业，并学会了驯养动物。这无疑给了我们极大的生存优势。之后，我们开始建造村庄和城市。

我们的祖先移居欧洲时，发生了一件有趣的事情。他们遇到了一个和我们非常相似的物种——尼安德特人。我们的祖先与他们交配，从而繁衍出了新的人类。

今天，我们的身上都带着一些尼安德特人的DNA。这部分基因让我们的指甲、头发、皮肤和免疫系统变得更强大。

最后，我们又重新上路了。靠着一贯的创造力，我们打造了船只，从欧洲远渡重洋，前往美国和澳大利亚，见到了我们失散已久的表亲。我们的“家庭”终于团聚了。这或许是有史以来最伟大的故事：这一场始于20万年前的人类大迁徙，至今仍在继续。

如果把地球上所有生命的故事浓缩在一天里，那么我们是在这一天即将结束，离午夜只剩下1分17秒的时候才出现的——这场生命的狂欢我们姗姗来迟了。不过，就算没有我们的出席，这场狂欢也会继续进行下去……

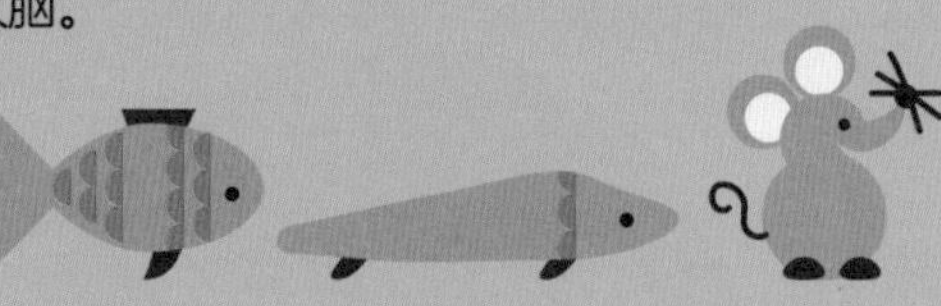

# 植物王国

地球上的生命属于五个王国：
植物、动物、真菌、细菌和原生生物
（前四类之外的一切生物！）。
科学家们最近估算出地球上生命的总重量是5500亿吨。
一辆汽车的平均重量是1吨，
所以地球上生命的重量等于5500亿辆汽车。

细菌占了其中的700亿吨，真菌占120亿吨（留给这些小蘑菇的空间似乎没多少），动物（包括我们）占20亿吨。地球上所有的人加起来才0.6亿吨——少得可怜。然而，植物占了足足4500亿吨！

## 不可思议的叶子

植物是一种能够进行光合作用的生物，这意味着它们可以从阳光中汲取能量。不仅如此，它们还可以通过根系从土壤和水中吸收养分。这一招可真了不起——植物只需要这三个条件就能让自己茁壮成长。

**叶子是植物的能量工厂。叶子中有一种叫作“叶绿素”的化学物质能吸收阳光，把植物变成绿色。**

空气中含有多种气体，其中最重要的两种莫过于二氧化碳和氧气。这两种气体的平衡关系到许多生物的生存，当然也包括人类。人会吸入氧气，呼出二氧化碳，神奇的是，植物的呼吸方式正好与人相反。它们吸收二氧化碳，释放氧气。这就意味着它们可以降低空气中的二氧化碳含量。（去第34页瞧瞧如果没有植物会有什么后果吧。）

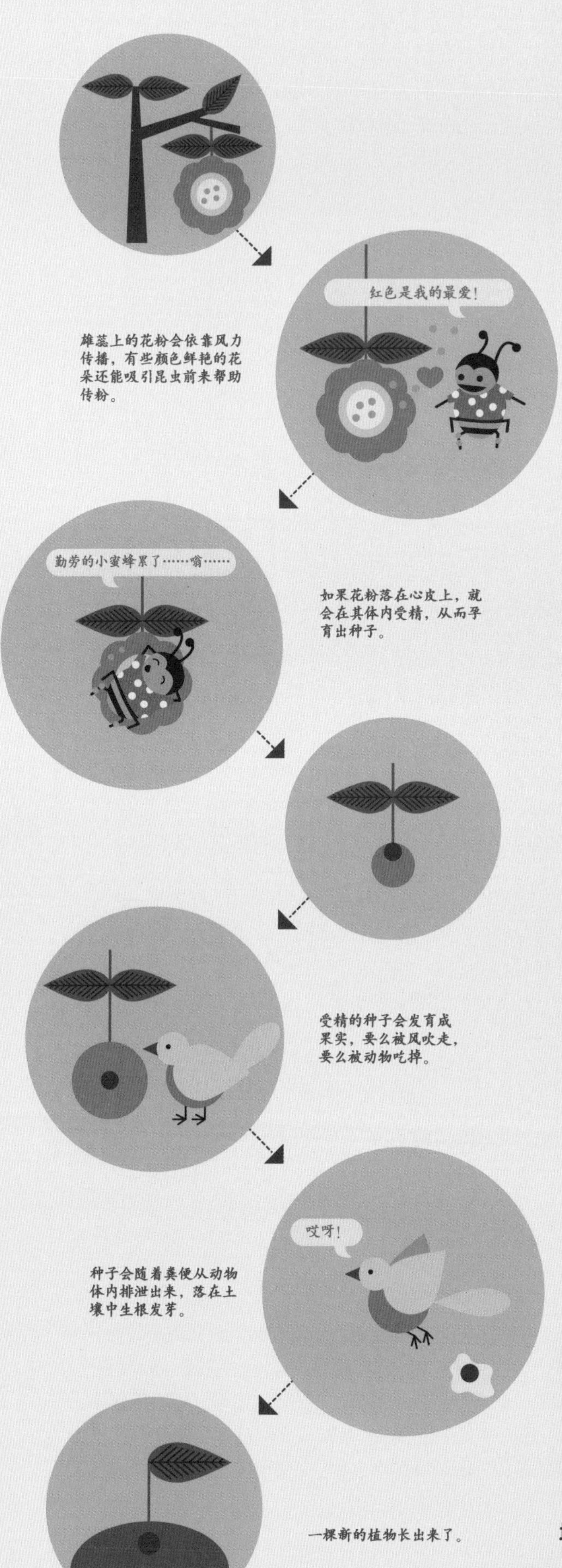


## 花的力量

开花植物占所有植物的80%。它们开花不仅仅是为了好看或好闻，而是用来繁殖的，也就是创造自己的下一代（就像第50页的人类一样）。

一朵花里不仅有雌性器官**心皮**[1]，还有雄性器官**雄蕊**。花的雄性器官产生花粉，使雌性器官受精。阿嚏!

## 木、林、森[2]

**树木**覆盖了大约30%的地球表面。秋天到来后，白昼变短，气温下降，**落叶树**开始掉叶子。树叶的颜色之所以会发生变化，是因为植物耗尽了叶片中的叶绿素，暴露了它们本来的颜色，比如黄色和红色。然后，叶子从树上掉下来，在土壤中得到循环利用。不过，**常青树**终年不落叶。

**有些植物为了保护自己不被吃掉，进化出了各种“武器”，比如仙人掌的尖刺、荨麻叶上的刺毛，还有植物会分泌毒素呢!**

植物不仅能为我们提供食物和氧气，还有极大的药用价值。而且，我们会用植物来纪念一些重要的事件，比如婚礼和葬礼。简单来说：没有植物，就没有我们的存在。

**埃伦·哈钦斯**（1785—1815）
爱尔兰植物学家。
她在科克郡的班特里湾发现了数百种植物。
她对海藻类和地衣类植物非常感兴趣，
有许多植物是以她的名字命名的。

1. 花的雌性繁殖器官，由子房、柱头和花柱构成。一个或多个心皮构成花的雌蕊。
2. 这里我想给大家讲一个关于这本书的中文翻译的小故事。“木，林，森”标题的原文是“One，Two，Tree”，直译过来为“一、二、树”，是不是挺奇怪？卢克·奥尼尔教授（还记得他是爱尔兰人吗？）向我们解谜：爱尔兰口音的“three”（三）听起来很像“tree”（树），本页的内容主要是关于树的，所以他在这里玩了一个文字小游戏。为了能在中文翻译中也体现这个文字小游戏的幽默，译者就创造性地用“木、林、森”三个汉字来翻译了!

极地地区位于地球的南北两极。世界上最低的气温记录是在南极洲测得的零下89.2℃。极地地区生命稀少。树木在这里无法生存，因为树木的根系扎不进冻土层，无法生长，只有一些像苔藓和灌木之类根系短的小型植物可以生存。尽管生活在极地的鸟类的羽毛都很短小，比如企鹅，但它们的羽毛能隔绝空气，像穿了件羽绒大衣似的，非常保暖。

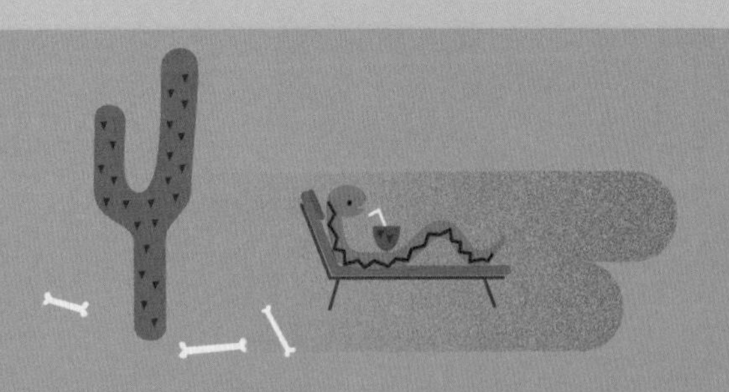

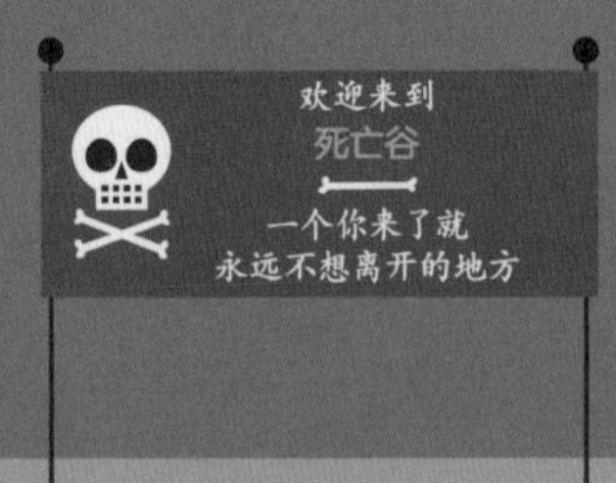


沙漠里既炎热又干燥。那里一年的降雨量不足25厘米，有时一场大雨就把一年的雨下完了。地球上最高的气温记录是在加利福尼亚的死亡谷测得的，温度高达56℃。不过，太阳落山后，沙漠在夜晚又会变得十分寒冷。然而，即使是在这样恶劣的环境下，动物和植物也可以生存——仙人掌会在茎干中储存水分，以备干旱之需；耳廓狐只在夜间凉爽的时候出来觅食。

# 栖息地

植物或动物生活的地方叫作栖息地。
地球上遍布着各种各样的栖息地。
生命已经进化到几乎在任何地方都能生存。

山脉上有着各种各样的栖息地。落叶林生长在海拔较低的地方，而常绿林则生长在海拔较高的地方，因为那里比较凉爽。珠穆朗玛峰是地球上的第一高峰，海拔8848米，相当于5000个人踩着彼此的肩膀摞起来那么高！人类在这些又高又冷的地方生存不了多久，但是像灰熊之类的动物可以，它们会在冬天冬眠，等天气变暖的时候再出来。

有些生物体已经进化到能够在高温、低温、高盐度，甚至是强辐射等极端环境中生存。我们把它们称为“嗜极生物”。

雨林分布在赤道附近的热带地区，里面生活着形形色色的物种——它们都喜欢雨林里温暖潮湿的环境。在那片神奇的植物王国里，我们能找到制作巧克力的原料可可树，以及连名字听起来都很别致的开花植物，比如龙虾爪（学名：蝎尾蕉）和百香果。世界上一半的物种都生活在雨林里，从水蟒到狼蛛，无奇不有。

水生栖息地分为不同的类型，其中包括淡水和海洋。每种水生栖息地上都充盈着生命力。亚马孙河是世界上第二长的河流，它发源于安第斯山脉，汇入大西洋，绵延6400千米。蜗牛、蠕虫、青蛙、乌龟、鳄鱼和许多鱼类都生活在淡水栖息地，而地球上最大的动物蓝鲸则是海洋里的“居民”。

莫德·德拉普
（1866—1953）
海洋生物学家，来自多尼哥郡。
她是人工繁殖水母第一人。

在像爱尔兰这样的温带地区，气温从不会太热或太冷。橡树、榆树、白蜡树和山毛榉都生长在温带地区。很多物种都喜欢生活在这样的森林里，比如松鼠、刺猬和许多鸟类。

爱尔兰还有一些独特的栖息地，比如沼泽、海崖和滨草沙丘。然而，爱尔兰的许多物种正面临着生存威胁，比如红松鼠、小鹬鹬和堤岸田鼠。

在世界的各个角落，人类的活动正在破坏自然栖息地，加上一些臭名昭著的食肉动物的猎食行为，导致了部分动植物种群的灭绝。生存不易，可不论我们怎么做，这一切仍会以某种形式继续下去。试想一下，如果没有了树木、植物、熊和蜜蜂，这个世界将会变成什么样？

我们每一次出行，不论乘坐何种交通工具，汽车、飞机还是卡车，都会燃烧大量燃料，释放**二氧化碳**。

与此同时，人们为了开垦农田或建造房屋，不断采伐森林。森林是地球之肺，所以这让我们有些喘不过气来（去第30页找找原因吧）。

我们饲养了大量的牛来获取食物。牛放屁和打嗝时会产生大量的**甲烷**，这是另一种温室气体。

# 气候变化

在过去的65万年里，
地球经历了七次冰河期，
导致全球气温陡降，
到处都被冰雪覆盖。
这一切主要是由太阳散发的
热量发生变化引起的。

但是，在过去的几百年里，科学家们注意到地球平均气温的上升速度比预期快了十倍。至于这背后的原因？——人类活动。

我们的工厂、家庭、汽车和飞机都在燃烧化石燃料，比如煤、石油和天然气，而这些燃料会向空气中释放二氧化碳和其他气体（去第70页了解一下绿色能源吧）。

这些气体会吸收地面反射的太阳辐射，就像能使室内保持温暖的温室玻璃一样，所以我们称它们为“温室气体”。我们的大气中有大量的温室气体。

这一切都危害到了地球的健康——它“发烧”了。在过去的一百年里，地球温度升高了1.2℃。这足以加速极地冰盖和高山冰川的融化，也将导致海洋中的珊瑚礁死亡，同时这也是造成世界各地的天气状况恶化、暴风和洪涝灾害越发严重的原因。气候变化已经造成了数十亿欧元的损失。

更重要的是，它已经影响到了人类。受影响最大的国家往往是那些贫困国家，但它们并不是造成这一切的罪魁祸首。这些国家更容易遭受洪涝和农业灾害，从而变得更加贫困。这就意味着可能会出现“气候难民”：数百万人为了寻找避难所或食物而迁居别地。

同时，气候变化也对许多物种造成了威胁。人类活动已经导致83%的哺乳动物和50%的植物灭绝。每一天都有一些植物和动物从地球上永远消失。生命就像一张联系紧密的巨网，牵一发而动全身。一旦某个物种灭绝了，谁也不知道后面会发生什么。此刻，面对地球上最大的生存危机，我们能做些什么呢？

# 为保护地球而战

你在和气候变化作斗争吗？做一做这张小问卷吧……

A. 坐私家车。堵车也是种享受！（+1）
B. 和朋友们一起坐公交车。(+3)
C. 走路或骑车，顺便还能锻炼身体。(+5)
附加项：虽然私家车是我的唯一选择，但我会把朋友们都捎上。(+2)

A. 点外卖……然后把包装盒扔在院子里。(+1)
B. 用一次性塑料饭盒从家里带饭。(+3)
C. 自备餐盒，喝完饮料后将饮料罐扔进回收箱。(+5)

A. 买各种漂亮的新衣服。必须紧跟时尚，不掉队！（+1）
B. 只买生活必需品……最多挑两件新衣服犒劳自己。(+3)
C. 只买二手的衣服，或者只买用料环保的东西。(+5)
附加项：除了买新东西，我还会修补旧东西。(+2)

A. 快开取暖器啊！（+1）
B. 快关上所有的窗户！（+3）
C. 立刻套件外套，赶紧关窗！（+5）
附加项：我还会关掉家里所有的电器，对待机说“不”！（+2）

A. 点份外卖，来个汉堡加碳酸饮料吧，顺便再来点薯片……嗯！（+1）
B. 自己买食材做点吃的，包装袋留着下次用。(+3)
C. 我在园子里种菜吃，吃剩的埋在地里沤肥。(+5)
附加项：一看到牛，我就会拿软木塞把它们的屁股塞住，省得它们放屁。哈哈！开个玩笑！我会尽量少吃肉。(+2)

A. 我会当一个环保主义者，同时鼓励身边的朋友和我一起。(+5)
B. 写信给当地的政党人士，问问他们在应对气候变化方面采取了哪些措施。(+5)
C. 了解气候变化背后的科学，自己想一些好的解决办法。(+5)
附加项：什么也不做。相信一切都会变好的！（−5）

如果你的得分，你就和农场里那些嘻嘻哈哈、愣头愣脑的牛仔差不多！是时候做出改变啦！
如果你的得分，你表现得还不错，但你还能做得更好。再训练训练吧！
如果你的得分，你就是环保界的“库夫林”（我们爱尔兰传说中的英雄）！快告诉其他人你的新身份吧！

尊敬的××，

我叫__________，我是一位科学家。我写信是想了解一下你们对于气候变化采取了哪些措施。拯救地球对我来说非常重要，因为我还小，而你已经老了。如果你什么都不做的话，我和我的朋友们会通过网络告诉所有人，明年的选举不给你投票！

非常诚挚且认真的，

__________

**学会拒绝**——对一次性用品说“不”！
**避免浪费**——这件东西你真的非买不可吗？
**重复使用**——有些东西用一次可不够。
**回收利用**——清洗，分类，回收。
**天然肥料**——把残羹剩饭用来堆肥。

# 地球：未来篇

谈到地球的未来，
科学家们最担心的就是气候变化。
栖息地、植物和动物都会因此受到影响。
科学家们认为，
全球气候变化可能会带来干旱、饥荒和洪涝，
从而伤害地球上的数百万人。

如果气温持续上升，氧气含量下降，地球上的生命可能会遇到大麻烦。数百万年后，动物可能会为了躲避太阳的高温而逃往两极地区，甚至可能躲到地下。地球表面将变成沙漠，生命也只会存在于海洋中。到最后，连海洋生物也会消失。

在远古时代，由于气候变化、陨石，甚至包括来自遥远星系的伽马射线，地球上的生命几乎完全灭绝。这类事件被称为“生物大灭绝”，未来还有可能会发生。现在的问题是，由于人类对环境的破坏，许多物种已经开始灭绝。这种状况必须立刻停止！

但是，只要生命没有完全被消灭，它们就会源源不断地进化和改变——地球上没有任何一种东西是完全静止的。

# 科学小实验

## 想当动物学家吗？

你一定想拥有一个自己的饲虫箱吧！

找一个大罐子，往里面倒一层厚厚的湿土，再铺一层细沙。如此重复几次，但要在罐口留一些空隙。

动物学家

去你家的园子里或公园里抓三条蚯蚓，把它们放在罐子里——轻轻地哟！

往罐子里放些枯树叶和蔬菜皮。

在盖子上戳几个通风的小孔，合上盖子，把罐子放在阴暗处。

两周后再看吧。蚯蚓肯定把土壤和沙子混在一起了，还在里面打通了隧道。现在把蚯蚓送回园子里吧！

## 想当火山学家吗？

我猜你肯定不知道，在你家的厨房也能造一座人工火山吧！

用汤匙舀两勺小苏打放在玻璃杯底部，往上面滴几滴食用色素，再把杯子放进炖锅。

火山学家

迅速往杯子里倒半杯醋。等着看“火山喷发”吧！

小贴士：你可以用塑料瓶剪出火山的形状。你还可以在混合物中加入洗涤剂、盐或糖。这次的火山喷发有什么不同吗？（一定要注意安全！）

## 想当古生物学家吗？

往碗里倒一杯盐、两杯面粉和3/4杯水。混合均匀，揉成面团。

拿一个恐龙玩具模型在面团上压一下，留下脚印。你可以多找几种恐龙，留下不同的脚印——如果愿意的话，你还可以给脚印多加几根脚指头。

古生物学家

在200℃的温度下烤45分钟。这样你就做好了一块“化石”。

小贴士：如果你往面团上摁一串脚印，最后得到的化石就和凯里郡的四足动物留下的脚印化石一样！

## 想当气候学家吗？

用一个干净的烤盘装1/3的冷水，滴入几滴蓝色的食用色素。

往冷水里倒两杯冰块，搅拌一下。等待冰块融化的时候，另外再烧四杯水。水开后往里倒入红色的食用色素。

气候学家

等到冷水和热水都与色素混合均匀后，小心地从烤盘边缘倒入热水。

这时，随着热水慢慢地汇入冷水，你将会观察到水流的形态。最后，两种颜色的水会混合在一起，变成紫色的温水。这种情况常常出现在海洋中。（但海水不会变成紫色！）

小贴士：找一块外形和中国版图相似的石头，放在盘子中间，观察周围水流的情况。

# 人体漫游

好！现在轮到我们自己了——包括你和我，也包括全人类。
我们是宇宙的主人……吗？

我们只是地球生命中极小的一部分。
但我们很聪明，也懂科学，所以我想这足以让我们脱颖而出吧。
话又说回来，我们当中也有人把石头当宠物养，有人发明了杀人武器，还有人爱看真人秀……

但我们仍然有许多特别之处。我们的身体可以完成一些不可思议的事情，
比如跑步、跳跃、游泳、思考和想象。它们还可以把微小的化学物质变成复杂的东西，
比如骨头、皮肤和一种软软的叫作“大脑”的东西——我们的思想就“住在”那里。
更神奇的是，两个人在一起可以孕育出全新的个体。
或许最了不起的一点是，如果我们身体的某个地方出了故障，它可以自我修复。

咱们来仔细研究一下这美妙的身体吧！
它就像一台运行良好的生命机器，而且每一台都是独一无二的。

# 人体骨骼

当你看这本书的时候，你的身体在不断地生长。
你的个头儿会越来越高，这是因为你的骨头长长了。

## 神奇的骷髅

你的骨架是你身体中最大的结构组织，由206块骨头组成。不过，当你还是个婴儿的时候，你的身体里可是有270块骨头的！难道你把一些骨头落在学校里了？！（当然不是。其实是因为在你成长的过程中，有的骨头长到了一起。）

骨头能保护你身体的各个部位。

你的身体骨架由韧带（骨头与骨头之间的纽带）和肌腱（骨头和肌肉之间的纽带）组成。

你的骨头中间是骨髓，能制造血细胞——我想你肯定不知道，骨头才是给你的身体造血的工厂！

如果你不小心弄断了一根骨头，它过段时间会重新愈合。我们的身体很擅长让骨骼愈合，尤其是年轻的时候。但这并不是说你可以随便把腿摔断哟！

没有骨架，你会像一团果冻一样摊在地上。那画面可不太好看呀，对吧？

**你的骨头大约40%都由一种含有钙元素的坚硬的矿物质组成。这就是为什么你需要在饮食中补钙。**

两根骨头之间的接合处叫作“关节”，比如肘关节、膝关节和指关节等。

**你掰响指关节发出的“咔咔”声其实是关节液里的气泡破裂的声音。**

**虽说你的头骨很硬，可要是你不小心撞到了头，会引起大脑在头骨内震荡。这可能会造成长期损害，所以撞到头一定要去医院检查。**

你的头骨非常重要，它能保护你脆弱的大脑。它是人类进化出的一项“安全帽”！

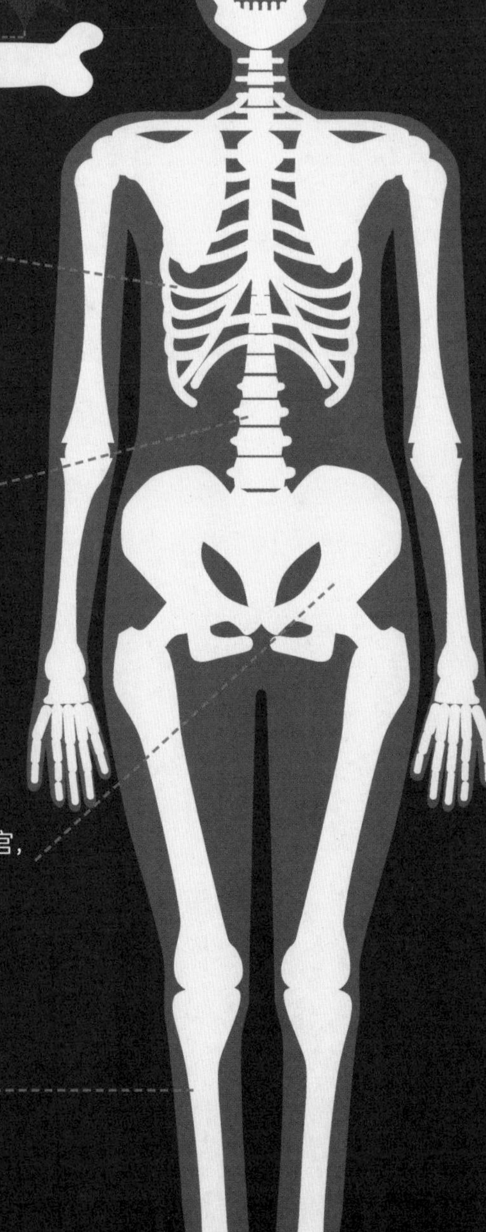

肋骨能保护你的心脏和肺。

脊椎能帮助你站直，并支撑你的脑袋。

骨盆能保护你的许多器官，还能让你转身。

肱骨和股骨能让你的四肢自由活动。

# 强大的肌肉

肌肉主要由一种有韧性的**组织**构成，它们控制着你身体的一切活动。人体内大约有650块不同的肌肉。

**骨骼肌**能帮助你的身体活动，而且它们的一切行动都听你指挥。许多骨骼肌都是成对出现的，比如你手臂上的肱二头肌和肱三头肌——其中一个拉伸，另一个就会收缩，这样你就能弯曲手臂了。

你身体内部的肌肉叫作**平滑肌**。它们就不怎么听话了，比如帮助你消化食物的肌肉，它们工作时并不受你的意志支配。

你的心脏是一种非常特殊和强壮的肌肉,叫作“**心肌**”。它能像水泵一样把血液输送到身体的各个部位。

微笑需要调动17块肌肉，而皱眉需要调动43块肌肉。来吧，笑一个吧！这样轻松多了……

# 肌肉记忆

当你坚持运动时，你的肌肉会变得越来越强壮，反之，如果你不锻炼，你的肌肉就会变得越来越虚弱，甚至会慢慢萎缩。

不管是演奏乐器还是做运动，你的肌肉会记住你做的每一个动作，所以你下一次训练的时候，它们就会表现得更好。熟能生巧这话一点也不假！

# 我们的大脑

当你读这句话的时候，
你的脑袋里正发生着各种各样的事情。
那一大团灰粉色的黏糊糊的东西在噼啪作响，
源源不断地产生电信号。这就是你的大脑！
纵观全宇宙，我们再也找不到比它更复杂的东西了。

前脑是人脑最大的部分。它有许多褶皱。前脑的后部主管视觉，其他部分主管运动、听觉、语言和触觉。

你的记忆储存在一个叫作海马体的地方。当你想起上周看的电影时，你就激活了那段记忆。

小脑在大脑的后侧。它负责控制身体的运动，比如拿笔写字或者骑自行车。

晚上睡觉的时候，你的脑袋里会发生很多有趣的事情。劳累了一整天，你大脑里的许多细微管道都会打开，以疏通堵塞的“垃圾”。

脊髓会顺着你的脊柱向下延伸，将神经元传递到身体的各个部位，形成一个巨大的通信网。

脑干藏在大脑的深处，它控制着你身体里所有不受你的意识控制的活动，比如心跳。

杏仁体是大脑中控制情绪的部位。每当你生气、悲伤或高兴时（这是我们最常感受到的的三种情绪），杏仁体就会促使你呼喊、哭泣或大笑。

## 大脑接力赛

大脑就像一台控制整个身体的中央电脑。它通过一个叫作“神经系统”的网络将信息传递到身体的各个部位。你的大脑中主要有两种细胞：神经元和神经胶质细胞。神经元控制大脑的所有活动，而神经胶质细胞则为其提供支持。

你相信吗？你的大脑中有超过800亿个神经元——几乎和银河系中恒星的数量一样多。

神经元由两部分组成：主要的细胞体和又细又长的叫“轴突”的尾巴。当这些轴突向外延伸几乎触碰到附近的神经元时，会形成一个连接体，叫作“突触”。

电流沿着轴突向下传递时会释放出一种叫作“神经递质”的化学物质。这种化学物质会越过突触间隙，抵达另一个神经元，并触发电流向下一个神经元移动——有点像一场极速接力赛。

当你想伸手开门时，你的大脑就会经历这个过程。大脑发出信号，通过神经元向下传递到肌肉，肌肉的抽动会带着你的手臂一起动。

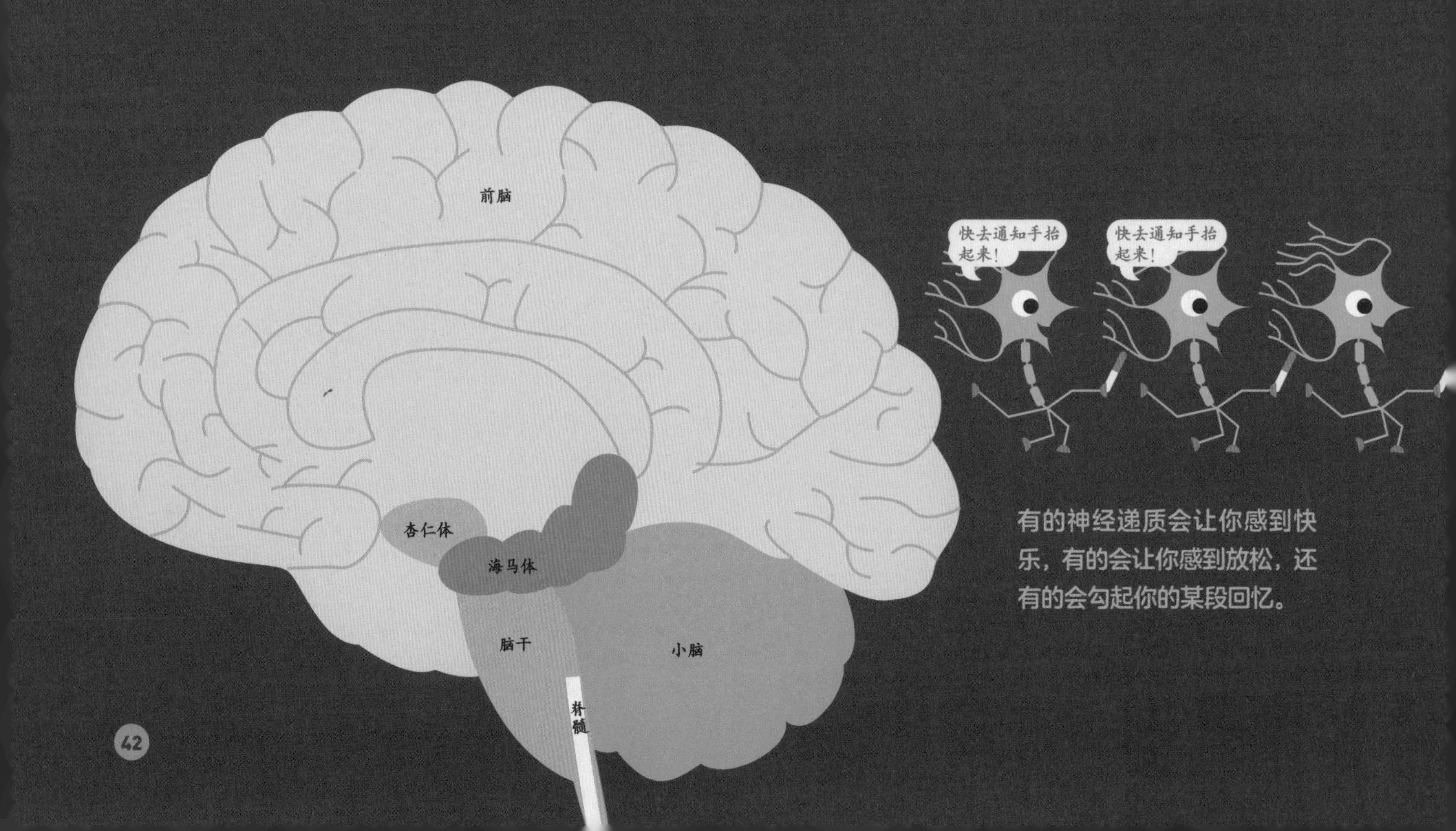


有的神经递质会让你感到快乐，有的会让你感到放松，还有的会勾起你的某段回忆。

# 五官感受

最让人觉得神奇的一点是：大脑怎样理解来自外部世界的信号呢？

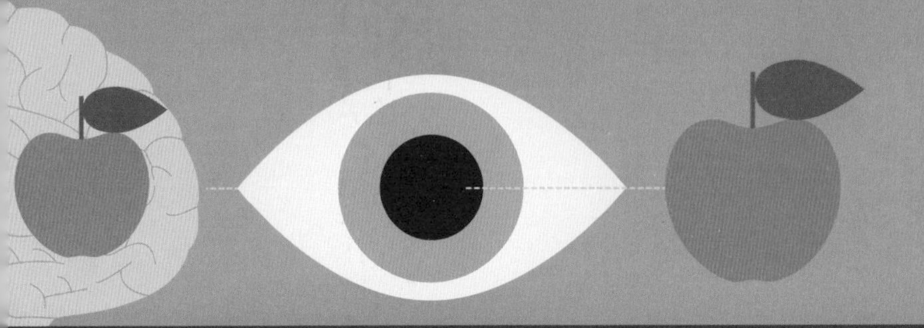

当你**看到**一个苹果时，光线从苹果上反射进入你的眼睛，然后通过瞳孔聚焦，落到你眼睛后方的视网膜上。随后，它会在你的大脑中产生电信号，形成苹果的图像。在你的记忆中，苹果是一种香甜可口的水果，所以你的大脑会告诉你，眼前的这个东西一定很好吃。

你拿起苹果，感觉它摸起来很光滑。当你触摸一件东西的时候，皮肤上的感应器会向你的大脑传递信号，帮你判断摸到的东西是什么。我们能够感知冷、热、光滑和粗糙，还能体会压力、疼痛和痒的感觉。

紧接着，你会**闻到**一股香甜的水果味，因为你的鼻子探测到了一些微小的化学物质，而这些化学物质也向你的大脑传递了信息。科学家们已经证明，我们能嗅出最多——听好了！——1万亿种不同化学物质的味道。

把苹果塞进嘴里咬一口，你会**听到**一阵嘎吱嘎吱的声音。这个声音飘进你的耳朵，引起鼓膜振动。耳朵里的小骨会将声音传递到一根特殊的神经，然后向你的大脑发送信号。

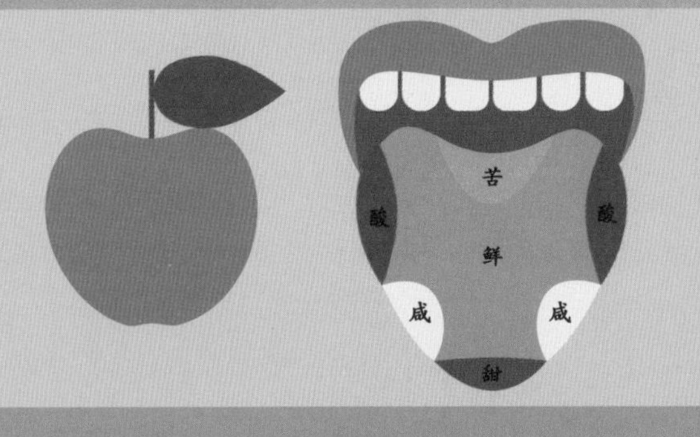


而后，你就**尝到**了苹果汁在你口中爆开的味道。你的舌头上布满了叫作“味蕾”的小疙瘩，它们会向你的大脑传递信号。我们能感受到的味道一共有五种：甜、酸、咸、苦、鲜（你在酱油中能尝到——许多中餐因为鲜味而变得美妙可口）。

**吃苹果的时候，你所有的感官都被激活了！（小小的苹果还能派上大用场呢！——去第82页看看吧。）**

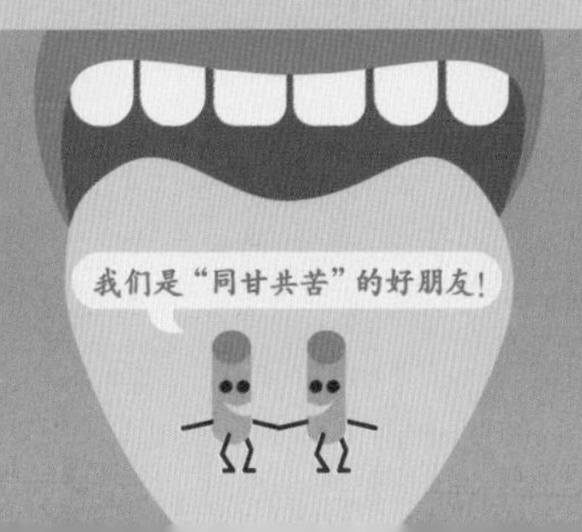

# 消化系统

说了这么久的苹果，你饿了吗？
饥饿是你胃里产生的一种奇怪的感觉，
你的大脑也在对你说“快去找点东西吃吧”。
你最好乖乖听它的话！

你的**肝脏**会处理食物中的营养物质。

从你找到食物的那一刻起，**消化**过程就开始了。

只要没趴下，我就继续干！

你吞咽食物的时候，肌肉会将糊状的食物推进你的**食管**。

你先用牙齿**咀嚼**食物，把它咬碎。你有32颗牙齿——前面的门牙负责切断食物，犬齿负责撕开食物，后面的臼齿负责把食物磨碎。

肝

酶

唾液腺

胰腺

酶

胃

唾液腺

食管

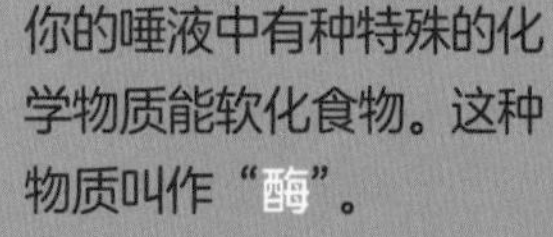

你的唾液中有种特殊的化学物质能软化食物。这种物质叫作“**酶**”。

一旦食物进入你的**胃**，就会有更多的酶帮助分解食物中的蛋白质。你的胃里也有酸性物质，它们可以杀死细菌，消化食物。

## 你吃了吗？

食肉动物只吃肉，食草动物只吃植物。不过，人类就没这么挑剔了。我们既吃肉又吃植物，所以我们被称为“**杂食动物**”。健康的饮食要求我们不能挑食——水果和蔬菜要多吃，肉要少吃（有些人一点肉都不吃）。此外，我们还需要**维生素**，比如维生素D——它能让我们的骨骼变强壮；还有**矿物质**，比如铁元素——它能促进血液健康。不过，我们一定要注意，不能吃得太饱，动得太少！

没有食物你可以活三个星期，但是没有水你只能活三天。我们的身体里60%都是水，所以我们需要不断地补充水分。

水和营养物质进入血液

血液循环

小肠

你的肾脏会将废物排入尿液，储存在膀胱里。

流体食物现在进入小肠。在那里，肝脏和胰腺分泌了各种酶，能将食物分解成更细小的分子。这些营养物质“哗——哗——”地流过小肠，最终被人体吸收。

大肠

食物残渣会进入你的大肠，在那里进一步被吸收。

剩下的废物会变成粪便，也叫“臭臭”。它里面有死亡的红细胞，所以看起来是棕色的。

肾

阑尾

废物

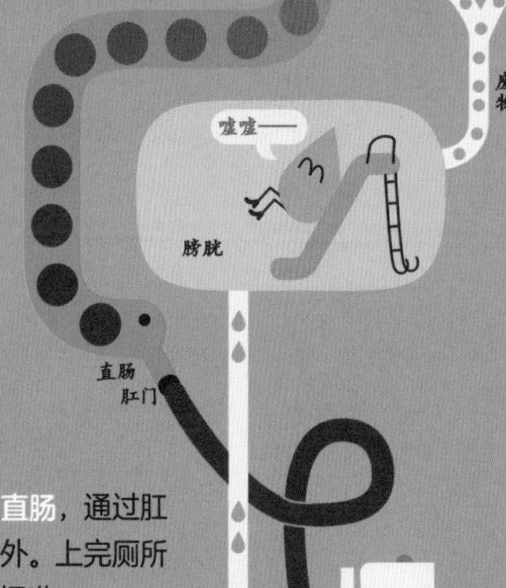


这整个过程有时需要3天才能完成。对于某些动物而言，消化时间会更长：绿鬣蜥需要16天，因此它们不用经常上厕所。

大便进入直肠，通过肛门排出体外。上完厕所记得冲马桶哟！

你的消化系统中有数十亿个细菌——它们占你体重的3%！有些细菌可以帮助消化，但它们同时也让大便散发出难闻的气味，让人嗤之以鼻。有些动物的大便中有许多未被消化的营养物质，所以它们会吃掉自己的便便，比如老鼠。

# 循环系统

汽车都要加机油才能保持引擎清洁，运行平稳。
身体里的血液也一样，
但血液可比机油厉害多了，因为……

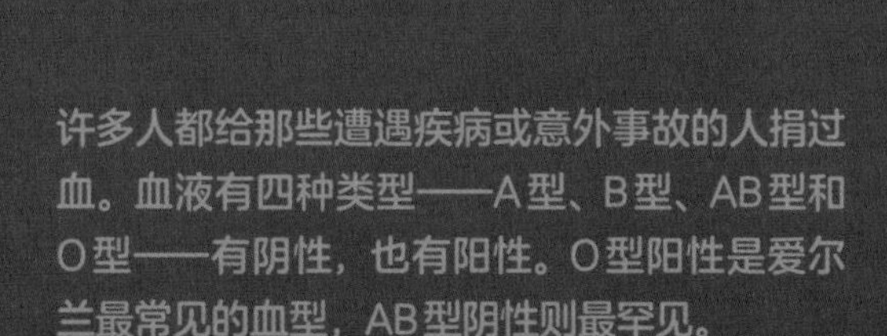

- 它能把氧气和营养物质输送到我们身体的各个角落。
- 它还能把热量传遍全身，保持身体暖和。
- 仅仅一天的时间，血液就能在你的身体里绕行19000千米。
- 如果你把身体里的血液全部排出来（这可不是什么好主意！），大约有4升。
- 当你生病的时候，它会让你恢复健康。

这一切都归功于你割伤手指后流出来的红色的东西。

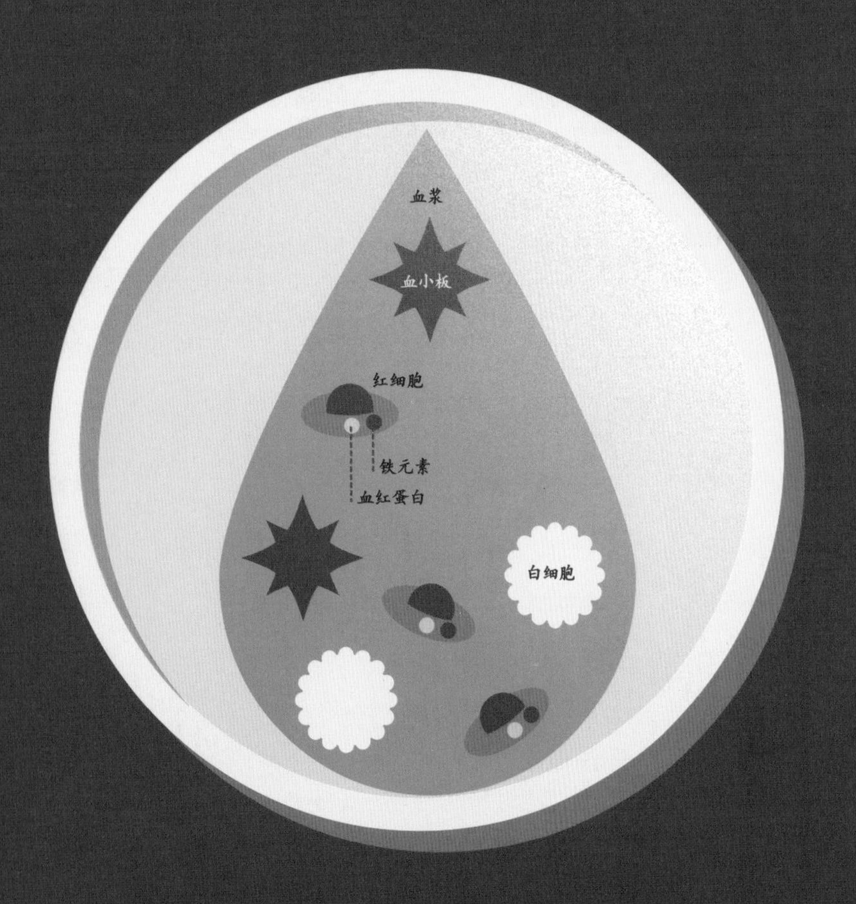


许多人都给那些遭遇疾病或意外事故的人捐过血。血液有四种类型——A型、B型、AB型和O型——有阴性，也有阳性。O型阳性是爱尔兰最常见的血型，AB型阴性则最罕见。

## 血滴里的秘密

咱们来看看一滴血里面有什么吧——我们需要找一台显微镜来帮忙。

你的血液里有丰富的红细胞，它们看起来就像一个个小飞碟，负责将氧气送到你身体的各个角落。这些红细胞中有一种含铁元素的化学物质，叫作“血红蛋白”，所以它们看起来是红色的。

我们还能看到白细胞。它们的职责是预防感染。如果你不小心割伤了自己，这些细胞会第一时间冲向伤口，消灭细菌。

从伤口流出的血液会凝结，否则，你岂不是会流血不止吗？血液中有许多小的细胞碎片，叫作“血小板”（因为它们看起来就像一块块小板子）。它们聚集在一起形成一张网，能有效地保护伤口。

你的血液中大约一半都是血浆。血浆的作用是运载上面提到的各种血细胞。

下次你弄伤自己的时候，想一想：你的一滴血里有400万个红细胞、1万个白细胞和30万个血小板。实在是多得可怕！

# 生命的“核心”

血液会沿着血管流向身体各处。它们从心脏流出，经动脉到达肺部，并在那里摄取我们从空气中吸入的氧气。

心脏就像泵一样，推动全身的血液循环。等你活到75岁的时候，你的心脏大约已经跳动了25亿次。

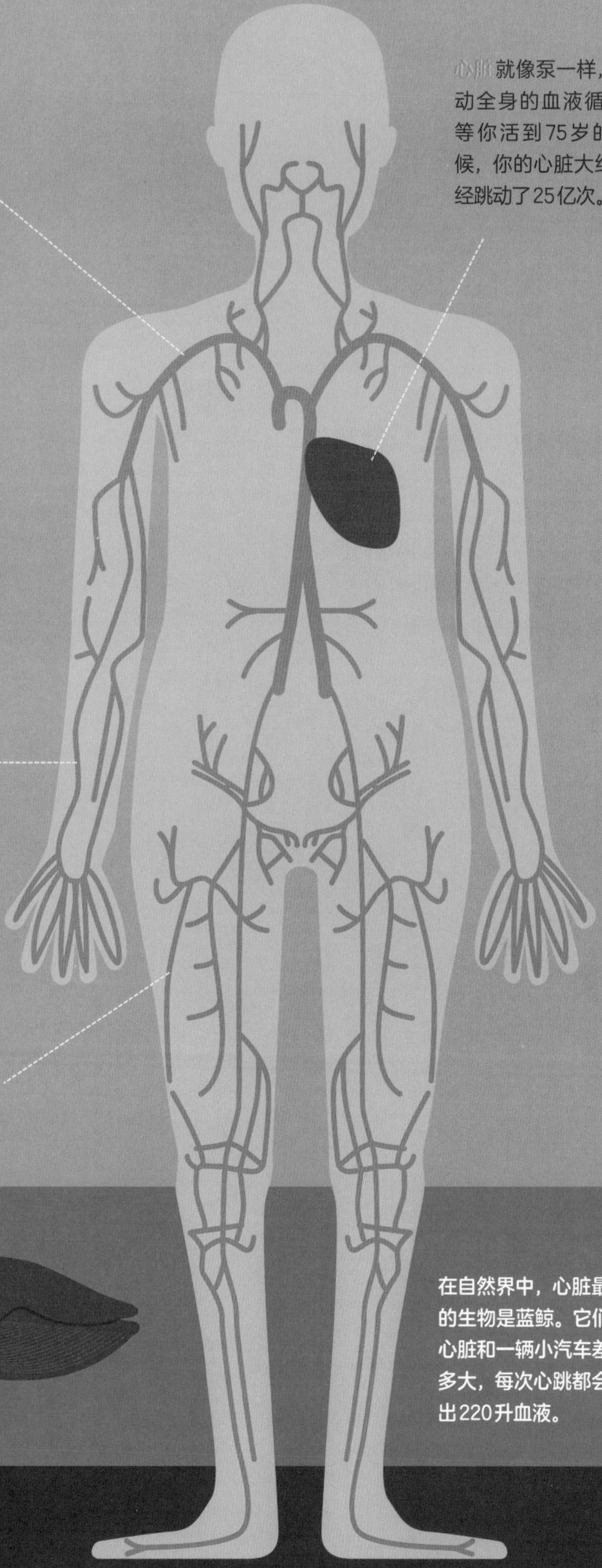

然后，血液流经身体各处的细胞，给它们提供氧气，然后通过静脉流回你的心脏。

你的身体里有一些小管道能将营养物质和氧气输送给身体细胞，这些小管道叫作“毛细血管”，它们是连接动脉和静脉的桥梁。

在自然界中，心脏最大的生物是蓝鲸。它们的心脏和一辆小汽车差不多大，每次心跳都会泵出220升血液。

# 免疫系统

当你因为患上普通感冒或流感而浑身难受时，
或者觉得身上的某个伤口变疼时，
八成是有病毒或者细菌在作怪。
这些“入侵者”可以在我们呼吸时通过肺部
进入我们的身体，
或者藏在变质的食物里被我们吞进肚子，
又或者从皮肤表面的伤口钻进我们的身体。

你的免疫系统能保护你，使你在与细菌的持久战中存活下来，否则它们会吃光你的食物，再吃掉你！你的第一道防御系统是**皮肤**。皮肤就像一道屏障，能阻挡细菌进入你的身体。如果细菌想从你的鼻子或嘴巴进来，它们就必须通过一层黏糊糊、湿答答的东西，这种东西的名字叫黏液（你或许会把鼻子里的**黏液**叫作“鼻屎”）。

但是，如果细菌侥幸通过了这些防御系统，并在你的血液中安营扎寨,那么就该轮到一些“大型武器”上场了。

## 细胞大战

白血球（又叫“白细胞”）是你的免疫系统中主要的战士。它们集结成一支强大的军队，保护你的身体免受细菌的侵害。

巨噬细胞（绰号“大胃王”）是白细胞的一种。它们是你身体的卫士。它们体内有特殊的感应器，能识别细菌和病毒。一旦确认目标，这些吞噬细胞就会嘎吱嘎吱地把它们吃掉——就像你看见最爱吃的巧克力，一把塞进嘴里吃掉时那样！

**B细胞**是免疫系统的武器工厂。它们能制造**抗体**。抗体就像军犬一样，会死死地咬住细菌不放，直到把它们咬死。抗体还会像胶水一样，帮助巨噬细胞粘住细菌，把它们吞掉。

如果B细胞单靠自己的力量控制不了感染，那么它们就需要找后援团了。**辅助T细胞**就像信使，一旦战斗爆发，它们就会骑上快马去寻求支援。

**中性粒细胞**是另一种白细胞。它们会释放一种非常厉害的化学物质，能杀死和消灭细菌。那种化学物质有点像你家用来洗马桶的漂白剂！

## 分辨敌友

在你小的时候，你的免疫系统仍处于学习阶段（和你一样）。它接触的细菌不多，所以工作起来可能会慢一些。老年人的免疫系统相对较弱，因为随着年龄的增长，免疫系统就像身体的其他部位一样，会不断地退化。不过，在你一生的大部分时间里，它们都尽职尽责！健康饮食、好的睡眠和有规律的锻炼都能帮助我们维持免疫系统的健康运行。

这些战士会通力合作对抗病毒，防止你受感染。但它们能做的还不止这些——下一次你再受到病毒侵袭的时候，你身体里的**记忆细胞**会调取之前的战斗记录，并贴出“通缉令”，只要那个讨厌的“牛仔”敢骑马进城，“警长”和其他“警员们”就能立马认出他，当场把他击毙。

**阿尔姆罗思·赖特**
（1861—1947）
**医生，曾在都柏林圣三一学院求学。他研发了第一支伤寒疫苗。**

## 疫苗王国

**疫苗**的作用是激活免疫系统的记忆，保护你免受疾病的侵害。你小时候一定接种过疫苗，这意味着你的身体里注入了一剂弱化的病毒。但这并不会让你患上疾病，它只是温柔地唤醒你的免疫细胞，像训练新兵一样训练它们识别敌人。这样一来，等敌人再次入侵的时候，它们就能上场作战了。

群体免疫强调的是群体，即接种疫苗的人越多越好，因为细菌将无处藏身。这就保护了那些因为生病或体弱而无法接种疫苗的人。

疫苗的功能非常强大，它已经挽救了数百万人的生命。小儿麻痹症是一种由病毒引起的疾病，现在已经几乎不存在了，而另一种危害更大的疾病“天花”也最终在1980年被彻底消灭。

# 生殖系统

一切生命都会繁殖，
这就意味着所有生物都能繁衍后代。
失去了这种能力，
生命很快就会终结。
这可不是什么好事情，对吧？

有些物种的手段更高明，它们能无性繁殖，即雌性可以在没有雄性的情况下生育后代。细菌就是通过这种方式繁殖的，有些鲨鱼、蜥蜴和蛇也是如此。

但大部分动物都是有性繁殖的，这就意味着它们的繁殖需要雄性和雌性共同参与（去第31页看看植物是如何繁殖的吧）。

睾丸和卵巢还会产生一种“化学信使”来帮助身体发育，我们把它叫作“激素”。对于男性来说，激素会促进其肌肉组织的发育，让其声音变浑厚，以及体毛增多。而女性在激素的作用下则会发育胸部，臀部变宽。

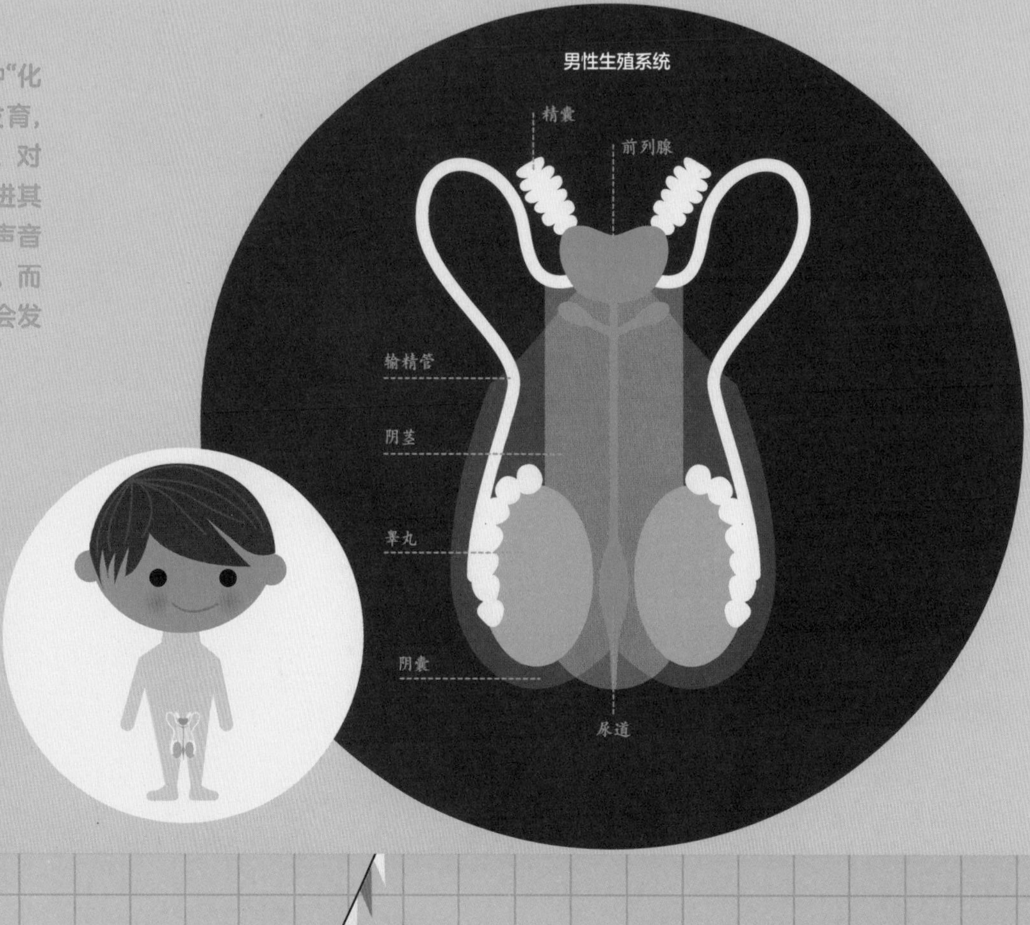

男性生殖系统

精囊
前列腺
输精管
阴茎
睾丸
阴囊
尿道

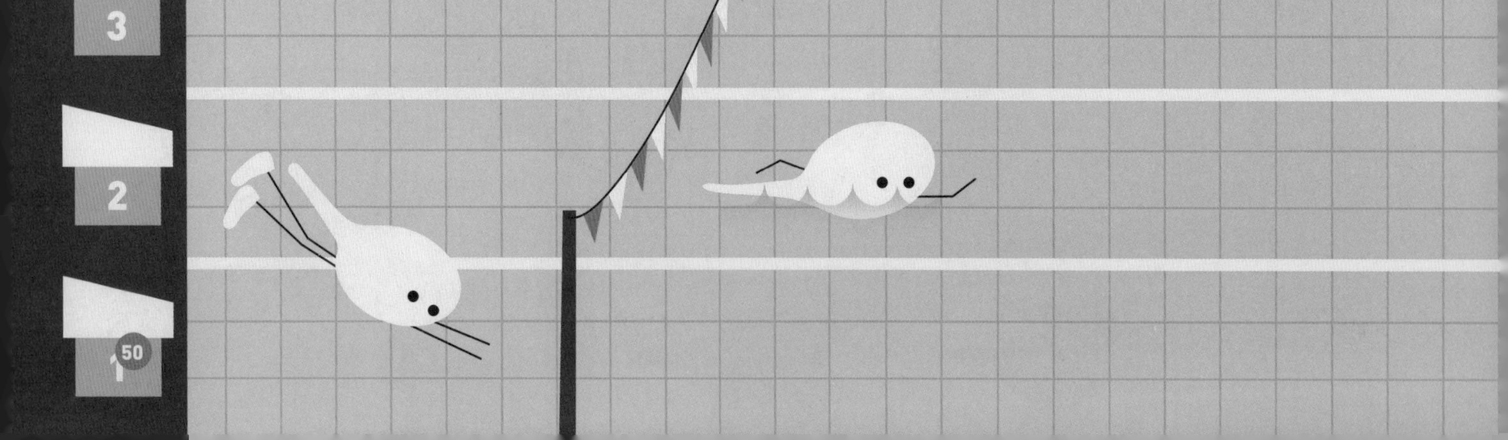

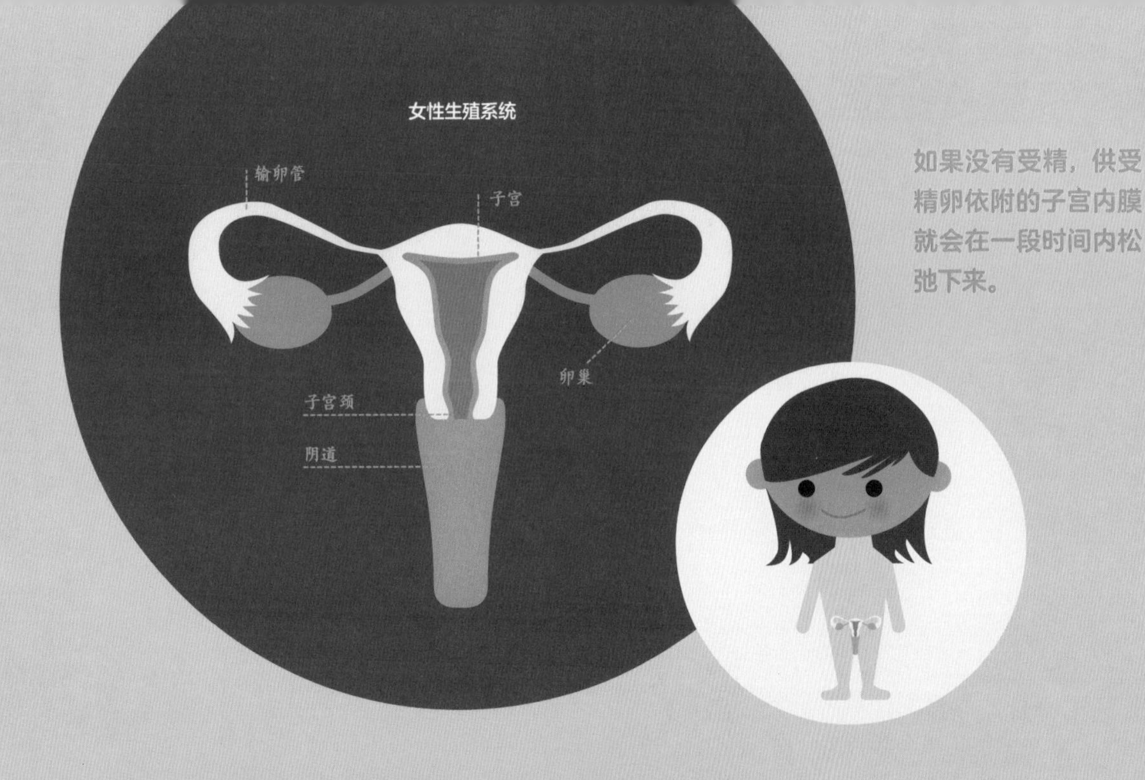


如果没有受精，供受精卵依附的子宫内膜就会在一段时间内松弛下来。

对人类而言，诞育新生命离不开女性的卵子和男性的精子。

女性有两个卵巢，但每个月只会排出一颗卵子。

精子是在男性的睾丸中产生的。

在性交过程中，睾丸中产生的精子会顺着输精管流动，最后从阴茎射入阴道。

一旦精子被释放到女性体内，它们就会游向子宫。

之后，卵子会和精子结合形成受精卵。现在我们就得到制造人类的配方了。

受精卵会持续不断地分裂，最终形成胚胎。

胚胎慢慢发育成胎儿，之后继续发育。

一切顺利的话，九个月后，婴儿就出生了。

爱尔兰每天大约有233个婴儿出生。全世界平均每分钟大约有250个婴儿出生。想象一下：那么多新生儿，那么多哭泣声和那么多"臭臭"。欢迎来到这个世界！

有时，卵子可以在体外受精，然后将受精卵送入女性的子宫。这种方式帮助了那些怀不上宝宝的夫妇。从1978年至今，已经有超过800万婴儿通过这种方式出生。

你游过最远的距离是多少？你知道吗，精子游到卵子那里所经的距离相当于一个人从爱尔兰游到法国！

一个女性一生当中大约只能排出400颗卵子，而一个男性一次就能射出多达10亿颗精子。

# 细胞家族

我们身体里的各种神奇系统都是由细胞组成的。
每个细胞就像一块小小的乐高积木。
它们可以独立存活，就像变形虫一样，
但当你把许多细胞放在一起，
它们就能组成一个更大的结构——你！

在你的身体里，至少有300种不同的细胞（去第22页看看它们是怎么诞生的吧）。你是一个由不同的细胞组成的**集群**，它们像一个幸福的大家庭一样生活在一起。

## 各司其职

为了让你的身体正常运转，你从头到脚的每一个细胞都在发挥着自己的力量。

人体内最大的细胞是女性卵巢中的卵子。它的直径为1毫米，肉眼就能观察到。但大多数细胞都比它小得多。有一种叫作“淋巴细胞”的白细胞，其直径只有10微米（1米的十万分之一）。有的细胞很长，比如坐骨神经中的神经元，它从你的脊髓一直延伸到你的大脚趾。

能让你的
心脏持续跳动。

**你的身体中每天都有700亿个细胞死亡，但你体内的细胞总数多达37万亿个，所以储备还很丰富。而且你用不着担心，这些死掉的细胞很快就会被新细胞代替。**

**自然界中最大的细胞是鸵鸟的卵细胞，它的重量可达1.6千克。**

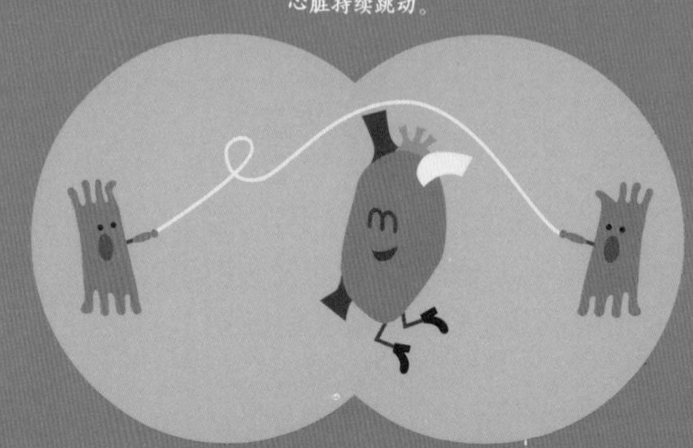

大脑中的　能
储存你的记忆。

能帮助你消
化食物。

能帮助
你对抗感染。

能将氧气输送到
你的身体各处。

# 细胞探秘

如果用一台显微镜观察细胞的内部，你会看到各种有趣的东西。

植物细胞中有一些特殊的东西——一种叫作“叶绿体”的绿色结构。光合作用就是在那里完成的。植物细胞内还有保护自己的细胞壁和充当储存室的“液泡”。

线粒体会从我们吃的营养物质中提取能量。线粒体呈线状，样子很像稻谷。它们的工作是用一种叫作ATP（三磷酸腺苷）的东西捕捉能量。这些ATP就像小电池，为一切生命活动提供能量。

所有这些物质都漂浮在细胞内的胶状体中，这种胶状体的名字叫作“细胞质”。

细胞核是一个圆形的黑点，它是细胞的控制中心。

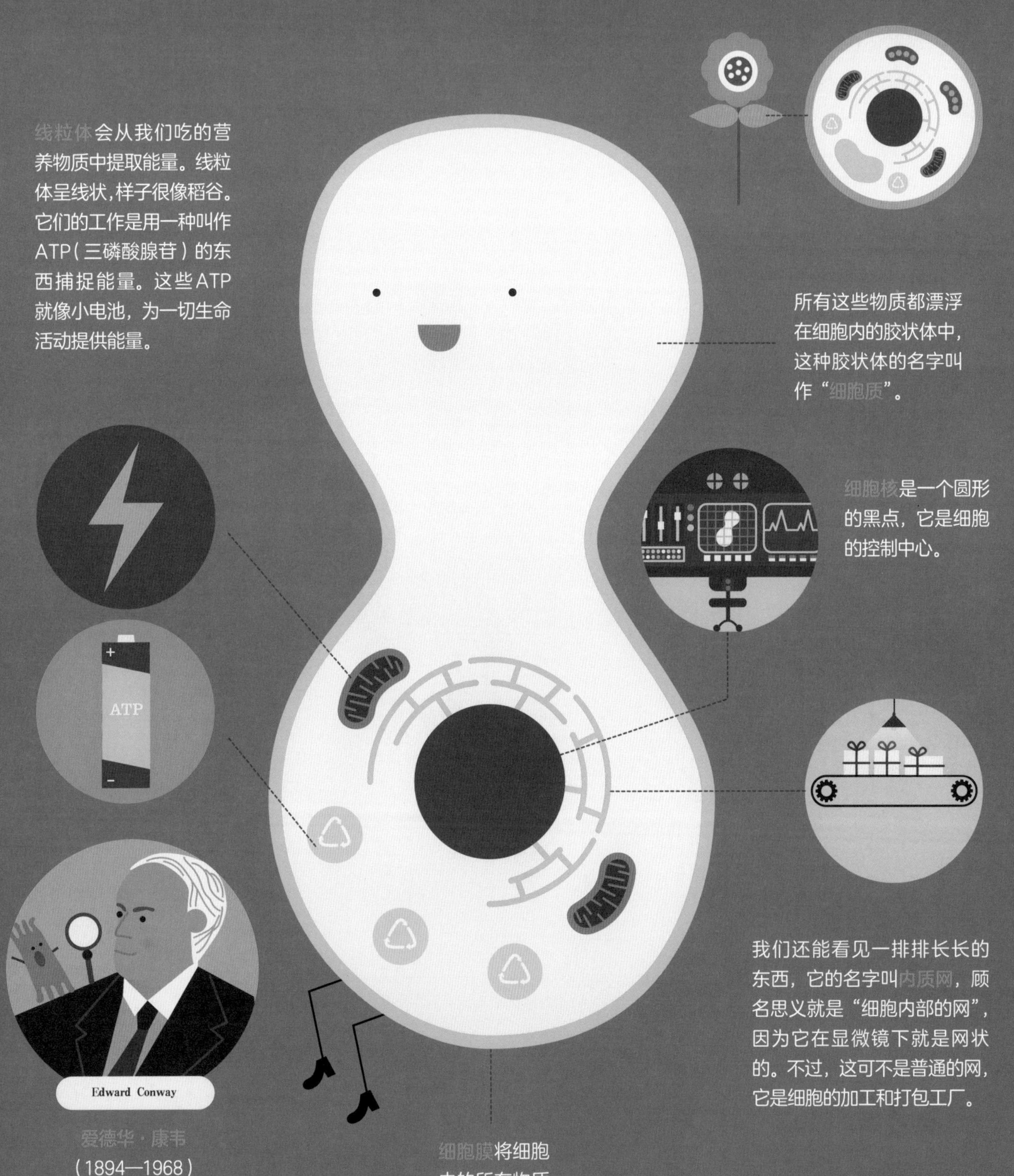


我们还能看见一排排长长的东西，它的名字叫内质网，顾名思义就是“细胞内部的网”，因为它在显微镜下就是网状的。不过，这可不是普通的网，它是细胞的加工和打包工厂。

爱德华·康韦
（1894—1968）
生物化学家，出生于爱尔兰蒂珀雷里郡尼纳镇。他研究的是活组织的化学成分，尤其是肌肉和肾脏。

细胞膜将细胞内的所有物质包裹在一起。

# 基因密码

有的人长着棕色的眼睛。有的人长着一头金发。你或许听到过别人说你长得像你舅舅。其实，这一切的答案早就写在了你的基因里。

你身体里每个细胞的基因决定了你是什么样的人。你**继承**了父母的基因——一半来自母亲，一半来自父亲——而且你最终可能还会把基因传给你的孩子。基因携带的信息决定了你的独特之处，或者叫**特质**。但是，来自父母某一方的基因可能会**压制**住另一方的，比如你看起来更像你的母亲而不是你的父亲。

基因对每个细胞的生长和分裂都给出了指令。每个细胞中都有大约21000个基因。是不是觉得很不可思议？嗯，如果人体是一台复杂的机器，那么基因就是其中的小零件。

基因实在太微小了，不用显微镜你是看不见的。它们的样子就像两截缠绕在一起的绳子，这些绳子叫作“**染色体**”。你的每个细胞中都有23对染色体——一半来自你的母亲，另一半来自你的父亲。染色体存在于细胞的指挥中心细胞核中。

我爱吃香菜，谁想来点？

你有雀斑吗？
你能把舌头卷起来吗？
你讨厌香菜的味道吗？
这都是基因的杰作！

妈妈

染色体是由一种叫作DNA的化学物质组成的。想必你一定听过DNA的大名吧？这是一种非常神奇的化学物质，它的全名是脱氧核糖核酸——还是直接说DNA更简单。

我不要！

孩子

我也不要！

爸爸

DNA是两条由化学物质组成的链相互缠绕而成的，呈现出一种美丽的**双螺旋**结构。

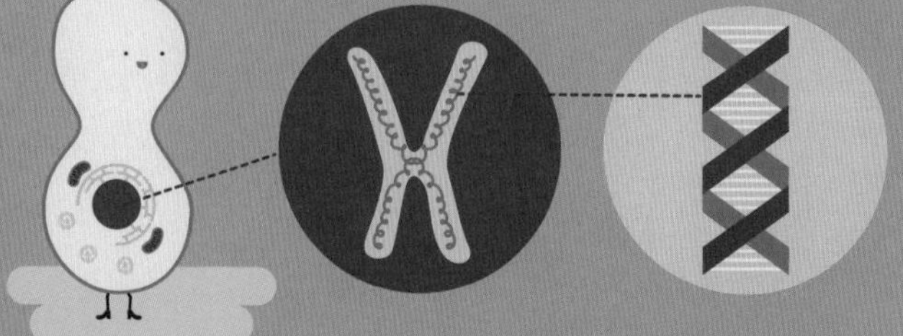

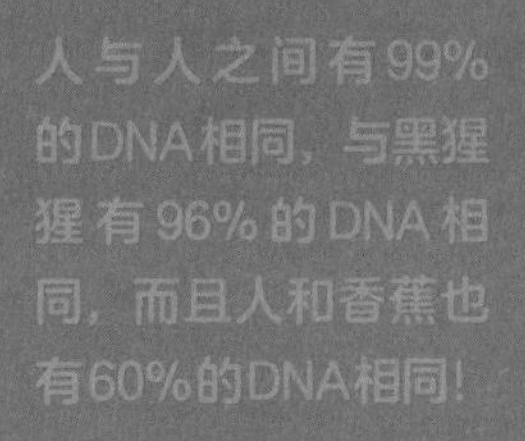

人与人之间有99%的DNA相同，与黑猩猩有96%的DNA相同，而且人和香蕉也有60%的DNA相同！

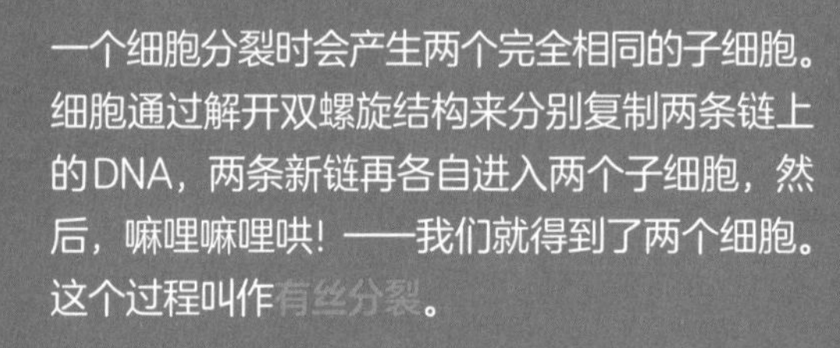

一个细胞分裂时会产生两个完全相同的子细胞。细胞通过解开双螺旋结构来分别复制两条链上的DNA，两条新链再各自进入两个子细胞，然后，嘛哩嘛哩哄！——我们就得到了两个细胞。这个过程叫作有丝分裂。

有丝分裂就像是把一座房子劈成两半，然后修复中间的墙壁和管道，使之成为两座房子！

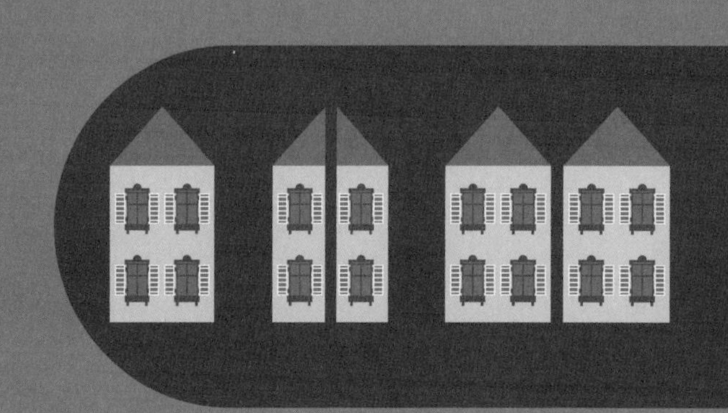

遗传学家喜欢研究基因，因为基因能解释身体是如何运作的。他们还知道，如果某个基因被破坏了，可能会导致疾病。那么，是不是可以通过修复受损的基因来阻止疾病的发生呢？真是个天才的想法！

埃尔温·薛定谔

1943年，都柏林发生了一件大事，著名物理学家埃尔温·薛定谔发表了一场名为《何为生命》的演讲，从而激发了其他科学家对制造基因的化学物质DNA的研究。

# 生命的基石

如果你听到蛋白质这个词，
我敢打赌你首先想到的是食物，对吧？
嗯，你这样想倒也无可厚非，不过蛋白质绝不只存在于食物中。
我们需要从食物中获取蛋白质，让我们的身体制造更多的蛋白质。
在生物界，蛋白质是无所不能的。
蛋白质干的活儿可一点也不比那些健美运动员的轻松。

不同的蛋白质作用也不尽相同，比如，消化食物的酶就是一种蛋白质。有些蛋白质会促进肌肉、骨骼、头发和皮肤的生长。有些蛋白质责任重大，能保护我们免受感染。有些蛋白质能将氧气送到你的身体各处。有些激素也是一种蛋白质，它们的作用就相当于信使，在血液中传递信号。

每一种蛋白质都是独一无二的，就像一串折叠成不同形状的项链。项链上的每颗珠子都是一种氨基酸，总共约有20种，比如甘氨酸（glycine）和色氨酸（tryptophan）——它们的英文名都很拗口。我们的身体能够制造一部分氨基酸，但还有一部分需要从食物中获取。这些从食物中获取的氨基酸叫作“必需氨基酸”。

一个典型的人体细胞中有多达10万种不同的蛋白质。

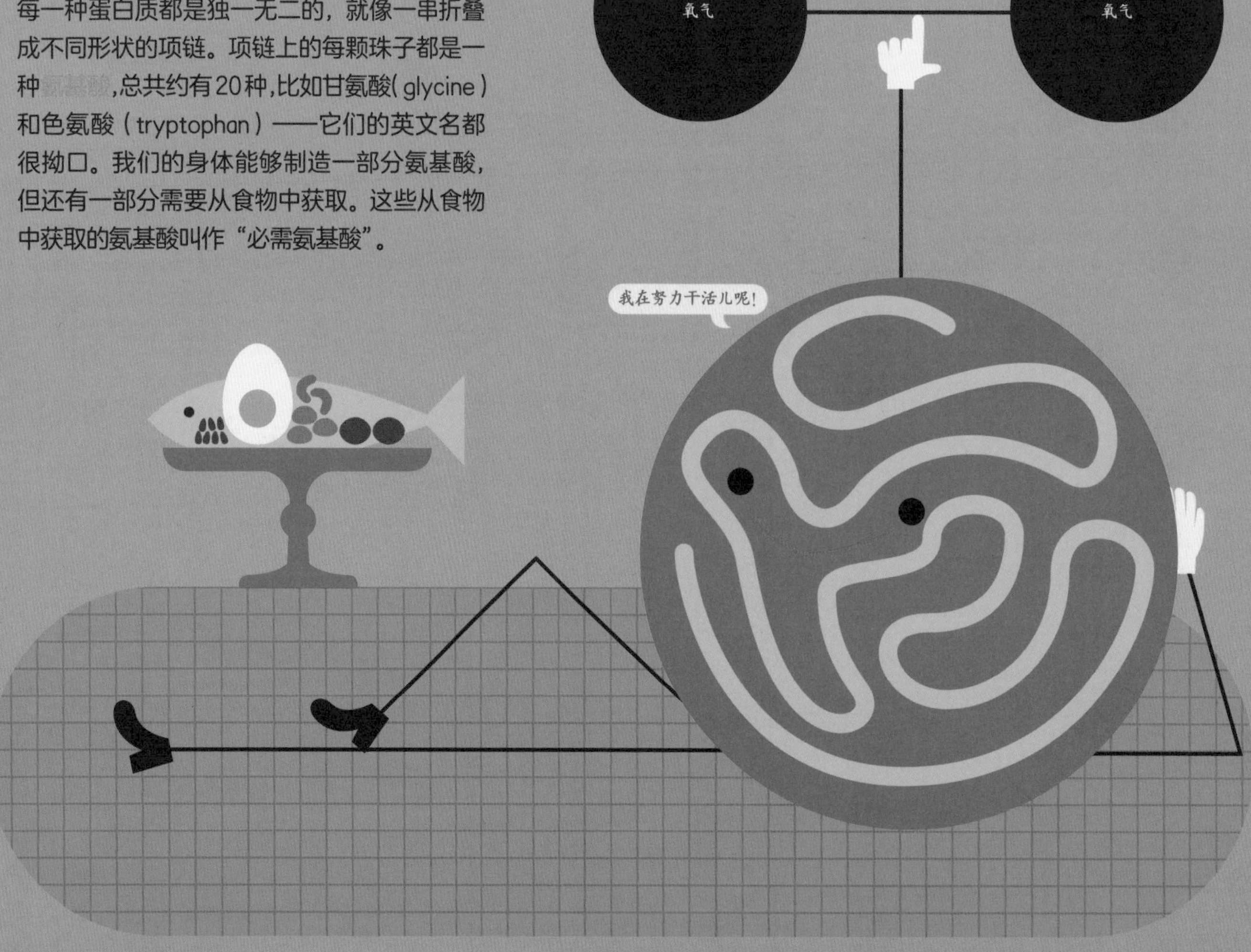

# “翻译”的缺失?

身体以一种非常特殊的方式产生新的蛋白质。每个基因都是由DNA组成的。DNA中的信息通过酶进行复制从而产生RNA。

DNA和RNA非常相似,所以这个过程被称为“转录”,也就是把某种东西复制下来。

然后,RNA再将氨基酸聚合在一起形成蛋白质。由于蛋白质与RNA有很大的区别,这个过程被称为“翻译”。

一旦产生新的蛋白质,它就会折叠成各种复杂的形状,然后完成它的使命。

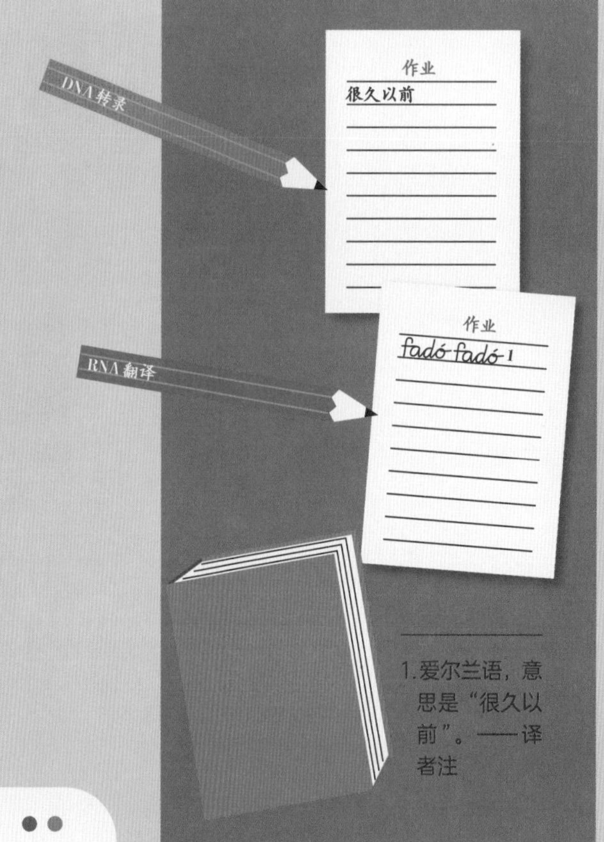


1.爱尔兰语,意思是“很久以前”。——译者注

假如DNA是英语,那么基因就是不同的英语单词。你的DNA会用RNA写下许许多多的单词,组成一个故事。然后,RNA再把故事翻译成不同的语言,比如说爱尔兰语。最后,蛋白质会把这个故事表演出来。我相信你肯定不知道,整个生命过程就有点像你做的家庭作业!

2100L超级大冰箱

碳水化合物和脂肪是生命的另外两种基本要素。

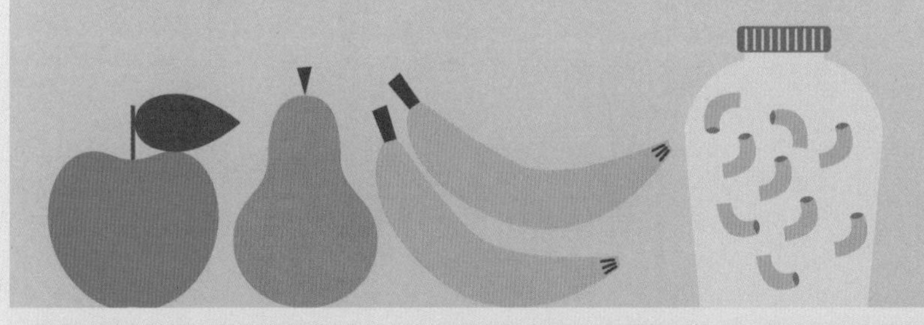

葡萄糖就是一种碳水化合物,我们的肌肉需要燃烧大量的葡萄糖来为身体细胞提供能量。这些能量的终极来源是太阳——植物吸收太阳光能制造糖类。当你吃掉像水果之类的含糖食物时,你的身体就相当于在吸收阳光中的能量。

脂肪也是一种很好的能量来源。我们的身体燃烧脂肪就有点像汽车燃烧汽油。我们会把脂肪储存在身体里,以备不时之需。但是如果我们吃得太多,就会因为储存的脂肪过多而导致发胖。

Charles McMunn

查尔斯·麦克姆恩
(1852—1911)
来自爱尔兰斯莱戈郡的伊斯基。
他是第一个发现“细胞色素”的人。
细胞色素是一种非常重要的蛋白质,
它能从营养物质中获取能量。

# 显微镜下的世界

你的身体非常了不起，
它能帮助你完成各种各样的事情。
但有的时候，你也许会生病。"**生病**"的意思是说，
你身体的某个部位出现了问题。
你可能会自己康复，或者在医生的帮助下康复，
你还可以借助药物的帮忙。
**生物医学家**一直在探寻各种治疗疾病或
预防疾病的方法。

欢迎来到微观世界！

当心！这里有一些讨厌的家伙。**传染性疾病**是由于一些微小细菌侵入你的身体引起的。当别人叫你洗手的时候，他们其实是让你把手上看不见的微生物洗掉。

**你知道吗？你手上的皮肤每平方厘米就有多达400万个细菌！所以一定要坚持用肥皂和热水来洗手，否则你就是在给细菌冲凉！**

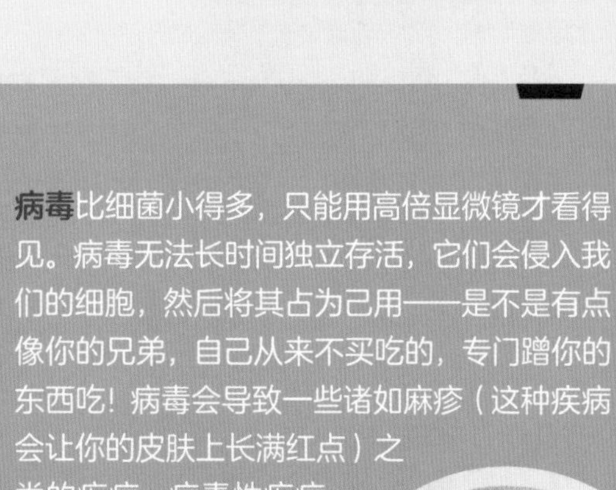

**细菌**无处不在，甚至在云团里也能找到它们的影子。细菌比你小一百万倍！在理想的条件下，它们可以快速繁殖，平均每20分钟分裂一次。这意味着只需要12个小时，一个细菌就能变成340亿个细菌——几乎是地球总人口的5倍！有些细菌是有益的，我们用它们来制作奶酪，而且我们的胃里也有细菌帮助我们消化食物。可是，还有些细菌是有害的，会引起许多疾病，比如肺结核——这种病会损伤你的肺。抗生素可以杀死细菌，但令人担心的是，有些细菌已经开始变得善于躲避抗生素的攻击了。

**病毒**比细菌小得多，只能用高倍显微镜才看得见。病毒无法长时间独立存活，它们会侵入我们的细胞，然后将其占为己用——是不是有点像你的兄弟，自己从来不买吃的，专门蹭你的东西吃！病毒会导致一些诸如麻疹（这种疾病会让你的皮肤上长满红点）之类的疾病。病毒性疾病一般很难治疗，不过，疫苗可以保护我们免受大部分病毒性疾病的侵害。

**你知道吗？如果你患上普通感冒或者流感，抗生素起不了任何作用。**

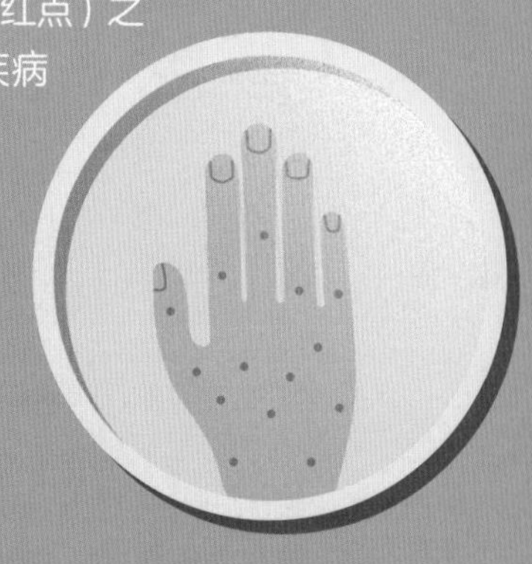

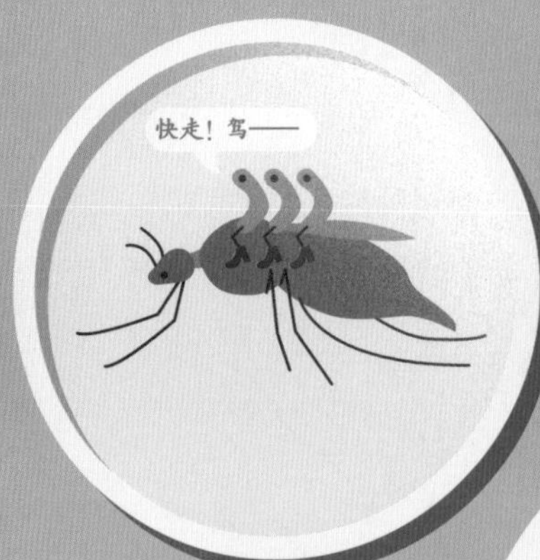


**寄生虫**会引起类似疟疾的疾病。这种病会通过蚊子传播，而且已经感染了数百万人。

有些**真菌**[1]也会引发疾病。足癣就是一种由真菌感染引起的脚趾间的皮疹。

**自身免疫病**是由于你的免疫系统攻击你的身体而引起的疾病。例如，在关节炎中，免疫系统攻击的是你的关节；在多发性硬化症[2]中，它攻击的是你的神经系统 。我们至今也没弄清楚这背后的原因。

当你的动脉被脂肪堵住的时候，就会引起**心脏病**，因为脂肪阻碍了血液流向心脏。服用阻止你的身体制造胆固醇（一种脂肪）的药物，坚持健康饮食和锻炼可以降低患心脏病的风险。

**癌症**是一种会使你的身体细胞发生变异的疾病。你的细胞开始不停地自我复制，最终形成一种叫作“肿瘤”的东西。治疗癌症的主要方法是把癌细胞毒死，不过，现在也有一种新的治疗方法可以让你的免疫系统把癌细胞杀死。

最后，地球上所有的生命都会衰老，包括你，我们真的无法知道这是为什么。当你的身体慢慢变老的时候，你做事情就不再像以前那么麻利了。人类患上大脑疾病的情况变得越来越普遍，比如阿尔茨海默病（影响记忆力）和帕金森病（影响身体活动）。

最终，我们的身体会停止工作，我们也会死去。失去你所爱的人是一件非常痛苦的事，但这是生命的一部分。人死后，我们的身体会分解成组成宇宙其他部分的基本单位，比如土壤、树木，甚至星星。

疾病、衰老和死亡都是生命的一部分，但拥有健康的生活方式，加上药物的帮助，我们能活到一个很大的年纪。看看法国的长寿老人雅娜 · 卡尔曼特（Jeanne Calment）你就知道了。她活到了122岁，是至今世界上最长寿的老人。你能打破她的记录吗?

**威廉 · 坎贝尔**

爱尔兰生物学家。

他发现了一种治疗寄生虫感染的方法——有的寄生虫侵入人体之后会使人失明。

2015年，他和另外两名科学家（屠呦呦、大村智）一起获得了诺贝尔生理学或医学奖。

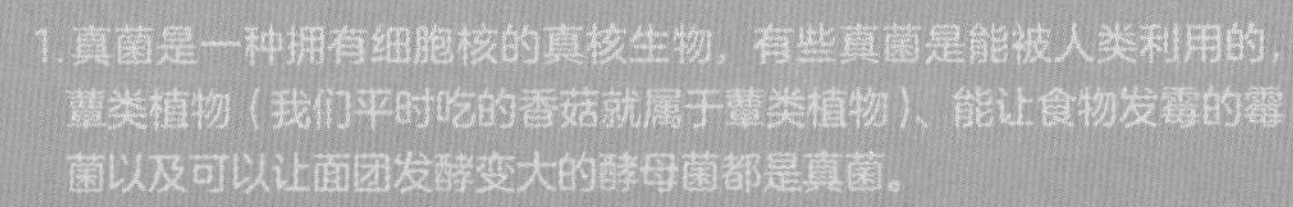

1. 真菌是一种拥有细胞核的真核生物，有些真菌是能被人类利用的，蕈类植物（我们平时吃的香菇就属于蕈类植物）、能让食物发霉的霉菌以及可以让面团发酵变大的酵母菌都是真菌。
2. 多发性硬化症能让人慢慢丧失身体机能，比如视力下降、说话不清、行动困难、丧失记忆力等，严重的多发性硬化症能导致身体残疾。

# 人体：未来篇

50年后的人类会是什么样子呢？
首先，你可能还活着，
甚至100年后，你还生活在这个地球上。
现代医学和更优质的生活方式
延长了人类的平均寿命。
如今，在爱尔兰出生的婴儿有望活到100岁。
所以，准备好迎接这趟漫长的人生之旅吧！

另外，科学家们会继续研发新的药物，用来治疗一些我们现阶段无法治愈的疾病。我们甚至还有可能减缓衰老的过程，或者用健康的器官来替换你身体里老化的器官。

在未来，人类可能会继续进化。当机器人能替代我们完成所有工作的时候，我们说不定会慢慢失去我们的肌肉。如果我们搬到了某颗离太阳更远的行星上，我们可能会长出一双巨大的眼睛，这样才能在昏暗的光线下看得更清楚，而且由于太空中的引力更小，我们可能会进化出更长的胳膊和腿。

不过，目前最大的变化是人工智能（或者叫“AI”[1]）的发展。机器人的功能会变得越来越强大，它们能完成许多人类的工作。无人驾驶汽车、手术机器人和清洁机器人的问世意味着有些工作不再需要由人来完成了。到时候能幸存下来的只有一些涉及人际接触的工作，譬如护理和社会服务。当然，艺术家和科学家是永远不可替代的，因为他们的工作都需要创造力。将来，还有可能出现一些现在还不存在的新工作。虽然我们现在才刚刚开始研究人工智能对未来人类的意义，但我们务必要确保一点，那就是要把这项伟大的科学事业用于造福全人类。

有一点是肯定的：你50年后的生活将会和今天截然不同。

1.AI，即人工智能的英文表达“artificial intelligence”的首字母缩写。

# 科学小实验

## 想当骨科医生吗？

找一根干净的鸡骨头。试着用力掰一下，但是别把它弄断了。感受一下这根鸡骨头有多硬。

现在把它放进一个玻璃杯中，往里面倒满醋。静置三天。

捞出鸡骨头，擦干。再试着把它掰断。

醋已经把骨头里的钙质溶解了，所以骨头才变得柔软而且有韧性。这就是我们需要从饮食中摄取钙质的原因！

## 想当遗传学家[1]吗？

找一个玻璃杯，往里面倒一点水，再加一撮盐。现在往杯子里吐口口水！

然后，倒入一些洗涤剂、葡萄柚汁或者菠萝汁，再滴几滴冰过的纯酒精（或者让你爸爸去超市买一些高度白酒）。

把混合物搅拌均匀。你会看见一些白色的黏稠物。

这就是你的DNA！它来自你唾液中的细胞。盐分保护了DNA，而其他材料分解了它周围的蛋白质。酒精的作用是让它“现身”。

## 想当运动生理学[2]家吗？

你的静息心率是衡量心脏健康状况的指标。在你现在的年龄，健康的心率为60~100次/分。

找个地方坐下，将两根手指搭在你的手腕上，这样能检测出你的静息心率。

当手指摸到你的脉搏后，数一数15秒内心跳的次数。把这个数字乘以4，就是你每分钟的心跳次数。

去跑10分钟吧，然后再测一下你的脉搏。如果你的心率达到90~130次/分，那就说明你达到了理想的目标心率区间，这对你的身体健康有益。

## 想当生物化学[3]家吗？

把一杯牛奶加热，往里面倒入四匙白醋。

用滤网过滤混合液，将残留在滤网上的物质收集起来。

把它捏出一个形状，静置一天，让它变硬。

牛奶中的蛋白质在醋的作用下发生了变化。你用牛奶做出了塑料！

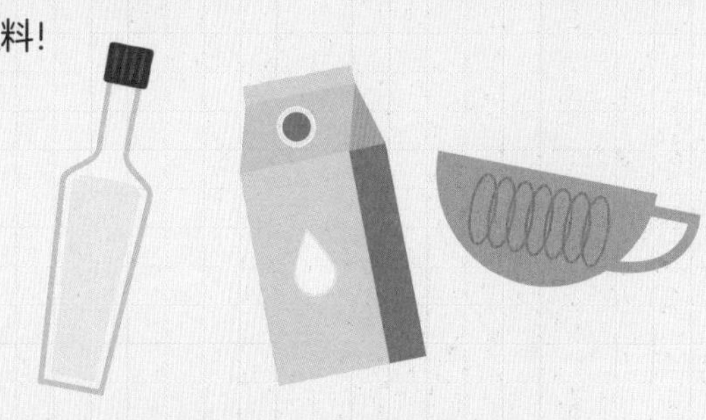

1. 遗传学家主要跟基因打交道，研究基因的结构和作用，以及基因如何发生变化、如何传递给下一代等。遗传学和遗传学家能做的事很多，我们经常能听到的“克隆”“杂交水稻”等都与遗传学有关。
2. 运动生理学是人体生理学的一个分支，人体生理学研究人体的一切生命活动、机能活动，而运动生理学则研究在运动中或运动后人体的生命活动、机能活动的变化。
3. 生物化学是研究一切生命化学过程的一门学科，主要研究是什么组成了生命，以及生命活动中的各种化学变化。

欢迎来到我的世界！

# 微观世界

最后，我们来探索一下微观世界吧。这里的一切都非常小。
可是当我们把这些宇宙中的微小物质一点点拆开时，
你还会看到一个比之更小的世界。

我们先从化学物质开始——你会发现它们是由更小的东西组成的——
然后再到构成宇宙万物的最基本单位：原子。

但到了原子还没有结束，因为原子又由质子、中子和电子等更微小的粒子构成。

在这个小之又小的世界里，一切的运转都很奇妙，
这里充溢着各种不可思议的现象，比如能量和光。
我们会从引力一直探索到奇怪的相对论世界。

最后，我们还会了解几种把整个宇宙拉在一起的基本力，
然后从无穷小回到无穷大。

咳！

# 物质

化学是研究物质的一门科学。化学家们一直在研究新的化学物质，把它们变成各种有用的东西，比如新的药物、智能手机之类的电子设备和帮助农作物生长的化肥。

有人说："何谓心？无所谓。
何谓物？甭操心！"
可要我说，操点心还是有必要的。
我们身边所有能摸到、看到、感觉到或者闻到的东西都叫"物质"——
这是科学家给它们取的名字。

## 质量与重量

质量是物体中所含物质的量。你的质量不等于你的重量。重量是你感受到的地心引力对你的拉力。月球上的引力小，所以如果你在月球上，你的体重会是现在的1/6——但你的质量是不变的！

物质是由一些叫作"粒子"的小碎片组成的。这些粒子会振动，但你察觉不到，因为它们实在太小了。物质会随着粒子振动的快慢而呈现出不同的状态。

能量增加或减少时，物质的状态会发生改变。如果你加热某种固态物质，比如冰块，能量会使冰块中的粒子运动加速，从而变成液态（水）。如果你继续加热，水中的粒子还会以更快的速度运动，最终变成气态（水蒸气）。

固体有一定的形状和体积（它所占据的空间）。固体中的粒子振动缓慢，并且紧密地聚集在一起。

液体有一定的体积，但形状由盛装它的容器决定。液体中的粒子振动很快，但粒子之间同样挨得很近。

气体会扩散到容器的各个角落。气体中的粒子振动速度最快，而且粒子之间相隔甚远，但它们可以被压缩。

固体

液体

气体

# 酸与碱

化学家们还对物质的**酸性**或**碱性**感兴趣。他们用一种叫作“pH值”的指标来衡量物质的酸碱度——pH值越低，酸性越强。柠檬汁的pH值是2，而肥皂水的pH值是12。我们可以用酸和碱做各种各样的事情，从清洁到烹饪，无所不能。小苏打是一种食用碱，有助于面团发酵。硫酸是世界上最危险的化学物质之一，有些不法分子用它来销毁证据……

咱家发的面团又有了新突破！

**酸和碱都可能会对你造成伤害。蜜蜂尾巴上的毒刺是酸性的，而碱液——肥皂中也有这种碱性物质——会灼伤你的皮肤。**

**罗伯特·玻意耳**

（1627—1691）

现代化学的奠基人，出生于爱尔兰沃特福德郡。他提出的玻意耳定律阐明了气体的压强和体积之间的关系。

所有的物质都由一种叫作“ ”的微小粒子组成。
它们极其微小，乃至需要成百上千亿个原子
才能形成肉眼能看见的东西。
只有借助最强大的显微镜，我们才能看见单个原子的样子。
一滴水中约有 $2\times10^{21}$ 个氧原子，
一张纸的厚度约相当于50万个原子垒起来的高度！

国际商业机器公司（IBM）通过移动原子拍摄了一部微型电影《一个男孩和他的原子》，创下了“世界上最小的定格电影”的吉尼斯世界纪录。

## 一探究竟

我们来观察一下原子吧。原子的中心是原子核，它由两种粒子——质子和中子——组成。

此外，原子核的周围还有一些被称为“电子”的粒子在绕着它高速旋转。它们比质子小得多，而且运动速度极快，所以物理学家始终不能确定它们的准确位置。它们一会儿在这儿，一会儿又在那儿——你永远也无法让它们停下。

这三种粒子带有不同的电荷。质子带正电荷，电子带负电荷，中子不带电荷（它是中性的！）。原子中通常有相同数量的电子和质子——负电荷与正电荷平衡。

**当你触摸由很多原子组成的东西时，比如你的桌子，它摸起来很结实。但单个原子中99.99%的地方都是空的！**

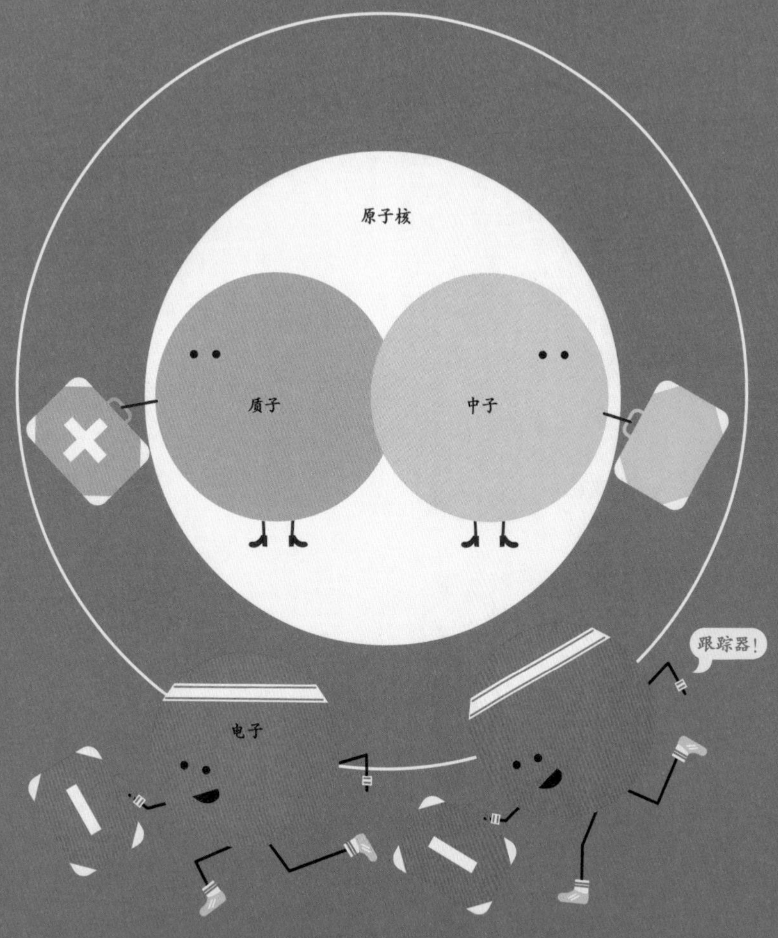

# 奇怪的夸克

你知道吗？原子中还有更微小的粒子。中子和质子是由一种叫作“夸克”的粒子组成的。这个词来自爱尔兰著名作家詹姆斯·乔伊斯的小说《芬尼根的守灵夜》[1]。还有一点很奇怪，这些夸克居然有不同的“味道”[2]，比如奇异夸克、底夸克和粲夸克。不知道有没有巧克力味的呢？

还是就此打住吧，可别跑题了！话说回来，我们怎么知道这些微小的粒子是存在的呢？嗯，物理学家们为此做过实验，他们让原子互相撞击，把它们撞碎，以观察里面有什么。这个过程就像把一个装满聪明豆的巧克力蛋砸向一个装满M&M巧克力的糖果蛋[3]。说不定他们以后真的能找到巧克力味的夸克……

原子撞击实验是在一台叫作“粒子加速器”的设备中完成的。世界上最大的粒子加速器是日内瓦欧洲核子研究中心的大型强子对撞机。它建在一个长27千米的环形地下隧道里，是迄今为止最大、最贵的单处理机，造价高达130亿美元，而且有1万多名科学家参与这个项目的研究（去第9页看看他们在研究些什么吧）。

2012年，经过多年的原子撞击实验，科学家发表报告，称他们发现了“希格斯玻色子”。他们认为，希格斯玻色子可以用来解释其他粒子是如何获得质量的——没有希格斯玻色子，一切都不会存在。

1. “夸克”的概念最早由美国物理学家默里·盖尔曼提出。当他发现这种比中子和质子还要小的粒子之后，只是口头称其为“阔克”。直到有一天，他读到《芬尼根的守灵夜》中的“向马克老大三呼夸克”，便受到启发，把“夸克”作为新粒子的名字。
2. 在粒子物理学中，“味”（Flavor）指基本粒子的种类。夸克一共有六种“味”，可以用英文字母u、d、c、s、t、b来代表，分别对应上夸克（up）、下夸克（down）、粲夸克（charm）、奇异夸克（strange）、顶夸克（top）和底夸克（bottom）。
3. 如果你不太清楚聪明豆、糖果蛋这些东西究竟是什么，你可以试着这样想：现在，你面前有两个不透明的玻璃球，它们里面都装了东西，你将两个玻璃球相撞，它们碎掉后你就能看见里面究竟有什么了。（当然啦，小心玻璃碴！）

欧内斯特·沃尔顿（1903—1995）
爱尔兰物理学家。他和约翰·科克罗夫特是历史上首次分裂原子核的人。他于1951年获得诺贝尔物理学奖。

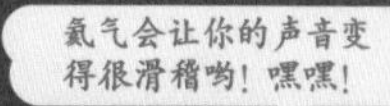


元素无法通过化学方法再分解成其他东西。[1]
宇宙中的一切物质，比如你、行星，包括你的老师，
都是由元素构成的。

1.这里所说的元素指化学元素，化学元素是同一类原子的总称。卢克·奥尼尔教授的原话是“An element is something that can't be chemically broken down into something else”。不过一般来说，更准确的说法应该是“元素无法通过普通的化学方法再分解成其他东西”，意思是说，在某种特定条件下，元素也是能够通过化学方法分解的，只不过我们很难创造出这种特定条件。教授在全书最后提醒我们“不要迷信任何人说的话”，所以，请从现在开始，试着对一切都大胆思考，大胆质疑，积极求证吧！

氢和氦是宇宙中最常见的元素。在地壳中，氧和硅是含量最多的两种元素，其次是铝和铁。

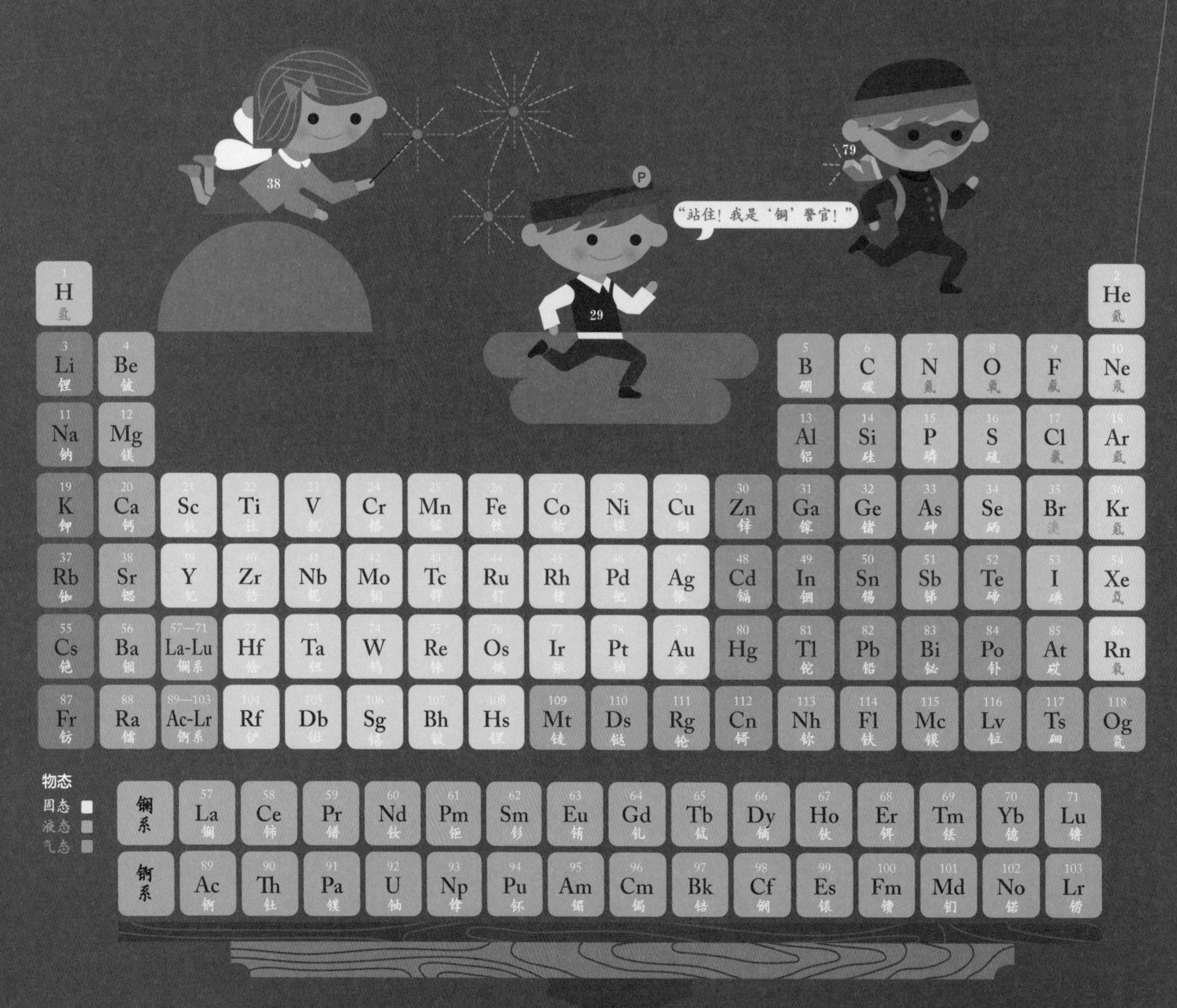

# 化学元素的故事

古时候的人们认为，地球上只有四种元素——土、水、气和火。后来我们慢慢又发现了一些！直到今天，科学家们一共发现了118种元素，每一种都有自己的名字和符号。

有的元素符号很简单：H代表氢。有的稍微复杂一些，比如铅（Pb）。在古代，水管道都是用铅制成的。“水管道”的拉丁文单词是plumbum，所以Pb便被用作铅元素的符号。

爱尔兰化学家阿代尔·克劳福德在苏格兰小镇斯特朗廷附近的矿井里发现了一种元素。这种元素后来被称为“锶”。它是唯一一种用爱尔兰语命名的元素，来源于苏格兰盖尔语中的“Sròn an t-Sìthein”，意思是“仙女山的鼻子”。也许仙女们一早就知道“锶”的魔力——加入它，烟花会呈现出耀眼的洋红色。

每两个元素之间都存在着巨大的差异。大部分的元素都是金属，还有一小部分是气体，有的元素质地坚硬，有的却很软，要把所有这些不同类型的元素记录下来非常困难。不过，1869年，俄国化学家门捷列夫想出了一个方法，他用元素周期表把它们系统地排列了起来。

每种元素都有自己的原子类型。它们的原子中含有不同数量的质子、中子和电子。在元素周期表中，元素是按照其所含质子的数量排列的。其质子数就是该元素的原子序数。例如，氦的原子序数是2，因为它的原子核中有两个质子和两个中子，还有两个在核外旋转的电子。

我们把元素周期表的每个纵列称为“族”，总共有18个族[1]。同族的元素性质相似，比如它们的沸点、熔点或密度都差不多。

凯瑟琳·朗斯代尔女爵
（1903—1971）
出生于爱尔兰新桥的基尔代尔郡，她对X射线晶体学及化学、物理等相关领域的发展产生了深远的影响。

1. 由于第八列至第十列三个纵列的元素性质相似，常列为一族，所以有的科学家把元素周期表分为16个族。

# 化学兄弟

有些元素可以独立存在，比如**金**。另一些元素则需要互相结合变成**分子**。**氧气**是由两个氧原子组成的分子。这就是为什么它的化学符号是$O_2$。

如果这两个原子来自不同的元素，它们结合在一起就会形成**化合物**。（所有的化合物都是由分子构成的，但并非所有的分子都是化合物。能弄懂吗？！）盐是钠原子（Na）和氯原子（Cl）组成的化合物，所以它的化学符号是NaCl。

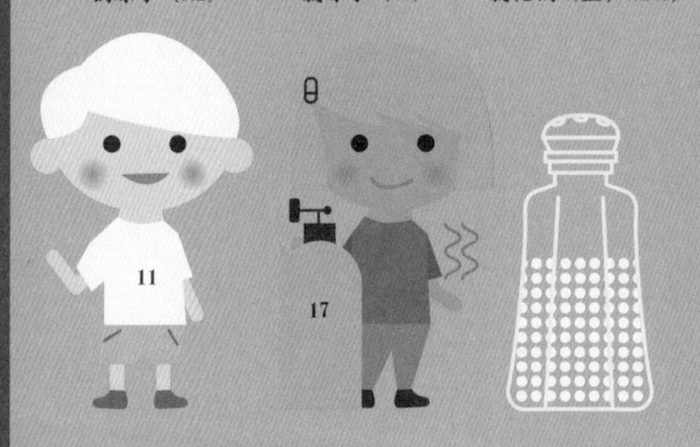


化学家们要想让化合物之间发生**反应**——两种或两种以上的物质转变成一种新的化合物——可能要等上很长的时间。比如，铁能在空气中与氧气发生反应生成铁锈。有一种叫作“**催化剂**”的化学物质可以加速这些反应。

**你知道吗？你的学校里有很多叫作“一氧化二氢”的化学物质！听起来怪吓人的，快去报告老师吧！**

**……哈哈！“一氧化二氢”其实就是水！水（$H_2O$）是由两个氢原子和一个氧原子组成的。**

# 电

你能感觉到空气中的电吗？我能！
在我们身边，有许多东西都是靠电力驱动的。
那么电到底是如何运作的呢？

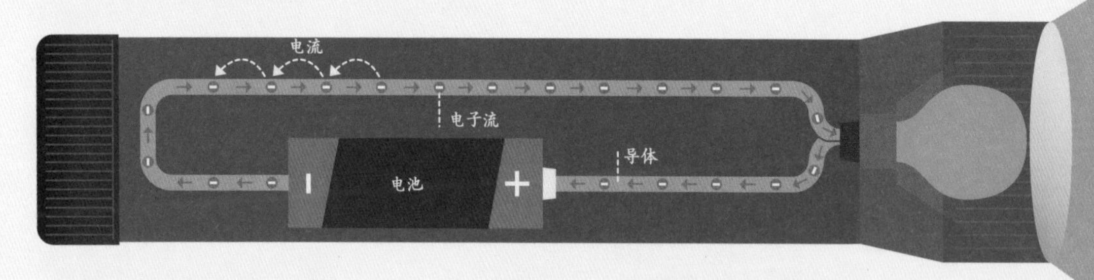


## 电流的形成

原子中通常含有相同数量的质子和电子（去第66页复习一下吧）。当质子和电子之间的平衡被打破时，原子就会获得或者失去一个电子。如果一个物体的质子数多于电子数，那么它就带**正电荷**，反之，如果它的电子数多于质子数，它就带**负电荷**。

但平衡是宇宙永恒的法则，所以多出来的电子会从一个原子移向另一个原子，好让它重新变成电中性。这种带电粒子的定向移动便产生了**电**——它可以储存起来，用来供能[1]。

当你打开手电筒时，电池里的电就会以**电流**的形式释放出来。它顺着电线流动，通过灯泡**转化**成我们看到的光。这就形成了一个**电路**。

**闪电就是一股从云层涌向地面的电子流。**

## 该充电啦……

目前，你给手机充电所消耗的能量主要来自化石燃料，其他的日常设备也是如此。但这造成了一些大问题（去第34页瞧瞧吧），所以我们需要关注**可再生能源**——那些取之不尽、用之不竭的能源，比如风能、太阳能和水能等。

**在爱尔兰，70%的电力来自煤炭、天然气和石油。我们在这方面仍需改进！**

**有些国家大部分的能源都来自地热能，比如冰岛。如果你有机会去那儿的话，你可能会闻到一股恶臭味，那是硫化氢等气体的味道。你放的屁中就有这种气体，或许你应该把屁中的能量收集起来！**

太阳能电池板可捕获太阳光中的能量，产生**太阳能**。

巨大的风力涡轮机在风中旋转产生能量，故称**风能**。

水坝能捕获水流中的能量，产生**水电能**。

**地热能**来自地球内部的热量。

电子电路能为我们每天使用的设备供电。它还可以帮我们做许多事，比如把我们的声音传播到世界各地、让飞机安全着陆、处理大量的信息，它还可以让我们动动手指就能获取各种知识。除了电流微弱之外，它的供电原理和普通电路是一样的，也是靠单电子的移动产生电流。我们拿微波炉打个比方你就知道了——微波炉通过将电能转化成高能微波来加热食物，而电子电路的作用是控制微波炉加热的时间和强度。

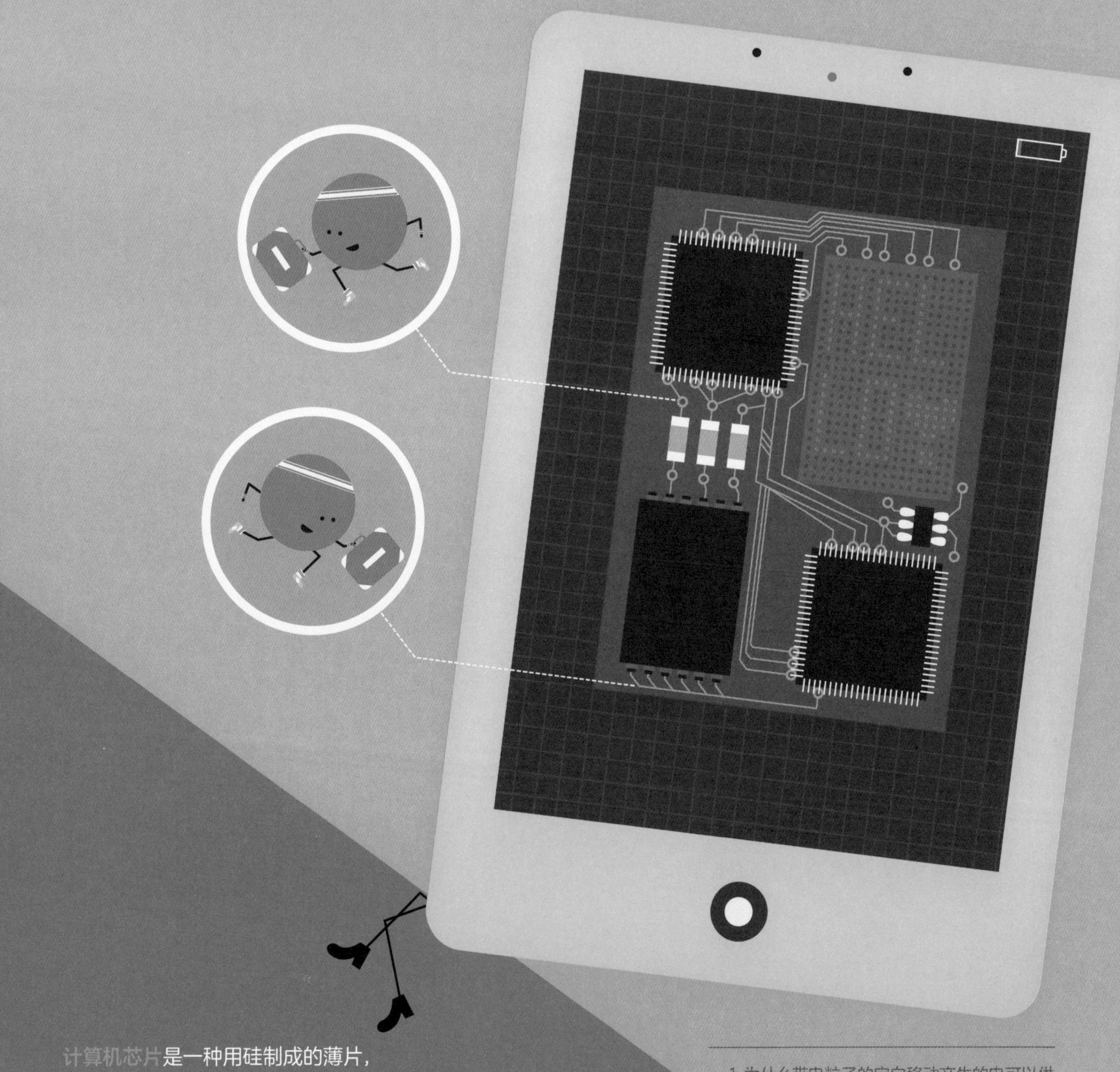

计算机芯片是一种用硅制成的薄片，上面布满了供电子流动的微电路。一个芯片上有数百万个电子元件，它们叫作“晶体管”。

计算机的印刷电路板上有许多芯片。如今，电路板变得越来越小，这意味着电子设备也开始“瘦身”，乃至出现了盐粒大小的袖珍电脑！

1965年，英特尔公司的一位计算机科学家提出了“摩尔定律”，即芯片上晶体管的数量每两年将会翻一番[2]。不过，这一速度似乎出现了放缓的趋势。那些电脑专家们恐怕得再加把劲儿了！

1. 为什么带电粒子的定向移动产生的电可以供能呢？因为原子在获得或失去电子的时候会相应地释放或者吸收能量。

2. 随之而来的便是电脑性能的提升，比如运算速度更快。

# 磁力

纵观古代文明史，
古希腊、古罗马和中国都早已对磁体了如指掌。
虽然他们知道磁铁能吸引金属，
但这在他们看来仍然是一个神奇的现象。
同样的道理，现代社会的我们
也会觉得一些先进技术很不可思议，对吧？
不过，我们至少已经了解了磁铁的秘密！

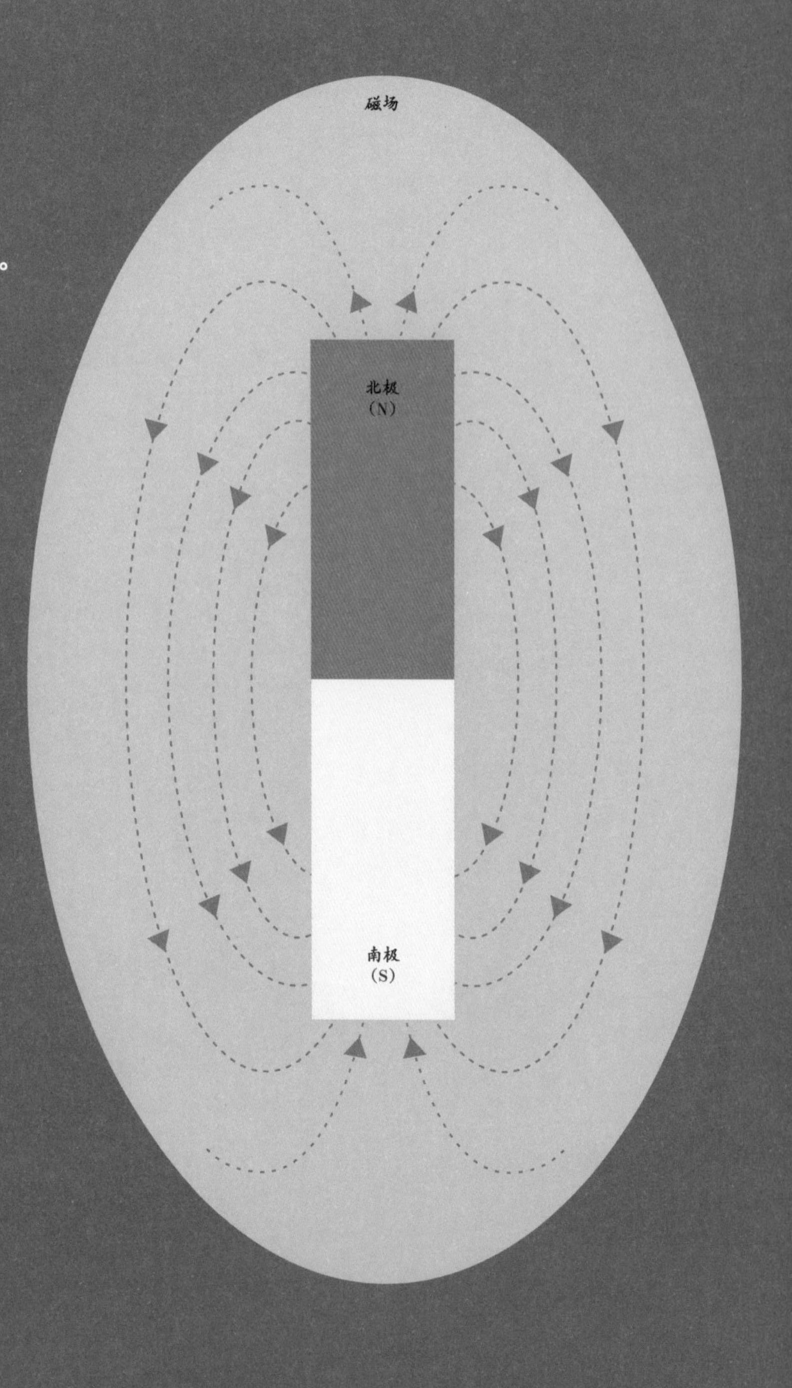

**有些动物能探测到地球的磁场，从而找到方向。蜜蜂、鸟类、海龟和鲨鱼都是通过大脑里的磁体来辨别方向的。**

磁体的两端叫作“磁极”，一个是北极，另一个是南极。一个磁体的北极与另一个磁体的北极相互排斥，但与另一个磁体的南极相互吸引。果然是异性相吸呀！

两极之间会产生一种无形的力量——磁场。磁场可以穿透许多东西——你用磁铁把纸条吸在冰箱上时，磁场就穿透了纸张。

# 寻找方向

磁体的北极大致指向地球的地理北极，南极指向地球的地理南极。这是因为地核中熔融的岩石和铁水形成了一个磁场——整个地球就像一块大磁铁！

地球的磁场会向太空延伸，形成磁气圈。当来自太阳的带电粒子撞向磁气圈时，这些粒子会受到激发，并释放出绚烂的极光——北极光和南极光。

有些材料具有天然的磁性，比如磁石。还有一些材料可以通过电流暂时获得磁场。带电粒子的运动会产生磁场，这个现象叫作电磁。

电动机就是利用了电磁的原理。当电流通过电机时会产生磁场，磁场再带动电机旋转，从而为设备供能！

电磁的另一种用途体现为电磁感应的应用，即利用导体[1]的运动产生电流。当导线穿过磁场时，就会有电流穿过导线。发电站就是用电感线圈来发电的。

1. 导体，即能传导电流的东西。金属是常见的导体，比如铁、铜、铝。我们生活中连接各种家电的电线一般就是用铜做成的。

废品场就是利用电磁铁来搬运重物的。起重机上连着一个巨大的铁盘，然后将铁盘移动到适当的位置，打开电机，圆盘就磁化了，起重机便能吊起沉重的金属废料。

尼古拉斯·卡伦
（1799—1864）
物理学家，感应线圈的发明人，
来自爱尔兰的劳斯郡。
他发明的感应线圈至今仍在梅努斯的
国家科学博物馆里展览。

# 五花八门的应用

指北针里有一根金属磁针，它永远指着北方。

计算机中的磁体能将数字信息写入计算机。

磁悬浮铁路利用磁力让列车悬浮在轨道上移动。

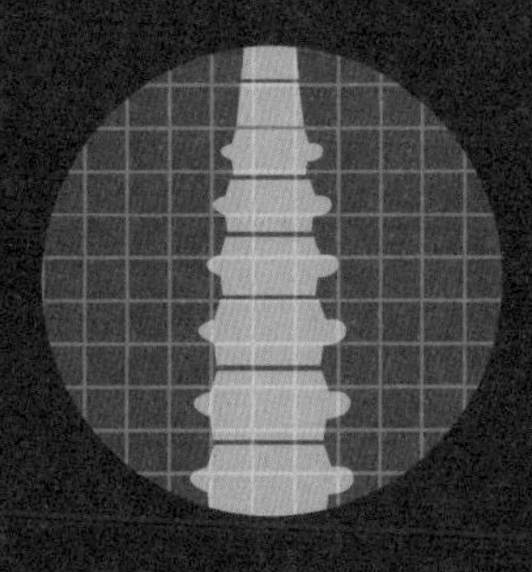

医生使用一种叫作核磁共振成像仪的机器来检查患者身体内部的情况。

耳机利用电磁铁引起振动，从而产生声音。

# 力与运动

这个世界上没有一样事物是静止的。
呼啸而过的汽车、冲上云霄的飞机、流遍你全身的血液，
还有你用尽全力蹬的自行车（千万要戴上头盔）……
所有这些从一个地方移动到另一个地方的东西都在运动。

物理学家用做“功”来描述一个作用在物体上的力使该物体沿着力的方向发生移动的过程。这或许能解释他们为什么有时会犯懒，因为如果你叫他们去工作，他们会假装听不懂，因为在他们眼里，此“工”非彼“功”！

## 愿“原力”与你同在

运动中的物体可以加速，也可以减速。科学上把改变这种运动状态的东西叫作“力”（或许这正是《星球大战》中那些绝地武士们苦苦追寻的东西）。

力可以直接移动物体，比如你可以用脚蹬自行车的踏板，让车前进。力也可以阻止物体移动——当你不再蹬车时，摩擦力会让自行车慢慢停下来。还有一些力是不直接和物体接触的——比如你骑车下坡时，是重力一直在把你拉向地面。

## 生活加速度

力可以使物体的运动速度变得越来越快，这就是加速度。加速度可以通过物体每秒速度的变化计算出来。地球的重力产生了9.8米/秒$^2$的加速度，这意味着如果你从高处往下扔一个东西，每过一秒，它的速度就会增加9.8米/秒。

一辆名为“超音速推进号”的汽车至今仍保持着它在美国内华达州的黑岩沙漠创下的陆地极速记录。它以1223千米/时的速度疾驰，超过了音速，它产生的冲击波在沙地上留下了清晰的痕迹。

迄今为止，人类制造的速度最快的机器是美国国家航空航天局向太阳发射的环日探测器。它的速度达到了253000千米/时。虽然它的飞行速度快得超乎想象，但这个速度只不过是光速的0.000234倍！

# 牛顿的想法

1687年，艾萨克·牛顿写了一本书，名叫《自然哲学的数学原理》。在这本书里，他向我们介绍了物体运动的三大定律（物理学家都爱谈规律、讲法则——去第82页找找为什么吧）。

牛顿第一运动定律说，当运动中的物体不受外力作用时，它会一直保持匀速直线运动。比如，运动中的足球会朝着同一个方向前进，除非你踢它一脚，或者用头把它顶开！[1]

牛顿第二运动定律说，物体的质量越大，使它加速所需要的力就越大。把足球踢进球门可比踢一个保龄球要容易得多！

1. 看到这里你或许会疑惑：在地上滚动的球，即使没人将它拦下，也没有遇到障碍物，不是仍会慢慢停下来吗？为什么足球没有一直滚动呢？这是因为有一种看不见的力——摩擦力——让足球停了下来。

**威廉·哈密顿爵士**

（1805—1865）

都柏林人，爱尔兰著名数学家。他的方程式今天被广泛应用于太空旅行和电脑游戏中。1843年，哈密顿在都柏林的布鲁姆桥上刻下了他第一个著名的方程式！

牛顿第三运动定律说，当力作用于某个方向时，在相反的方向就会产生一个同样大的力。比如，当你用脑袋顶球时，球也会用同样大小的力反过来顶你。否则，球可能就会陷进你的脑袋里，而不会飞出去了。最后，你会输掉这场球赛，然后被球队开除……

即便如此，你也用不着担心——全心全意当一名物理学家不是也很好吗？

# 波

我敢打赌，你一定喜欢在海上乘风破浪的感觉，
或者喜欢脚踏冲浪板，跟着波浪上下起伏。
但在物理学中，我们对“波”的理解稍微有点不同。
波（或波动）是振动在空间或物质中的传播过程，并伴有能量传输。

波传递能量，不传递物质。比如足球场上的“人浪”：尽管球迷们始终待在原地，但他们起立、坐下，身边的人也随之起立、坐下，就能制造出波浪的效果。

## “同频共振”

波的最高点叫波峰，最低点叫波谷。

两个波峰之间的距离叫作波长。

声音的大小取决于振幅。

音高（音调的高低）取决于声波的频率。

波长

波峰

振幅

波谷

我们想要什么?
多普勒效应!
我们什么时候要?
现——在——

**多普勒效应**指波的频率和波长发生显著变化的现象，它是由波源和观察者之间的相对运动引起的。是不是觉得很复杂?

嗯，你肯定感受过多普勒效应。当一辆消防车朝你迎面驶来的时候，你听到的警报声会变得越来越尖锐、急促——这是因为声波被压缩了；而当车离开的时候，警报声会变得越来越低沉、缓慢——这是因为声波被拉长了。

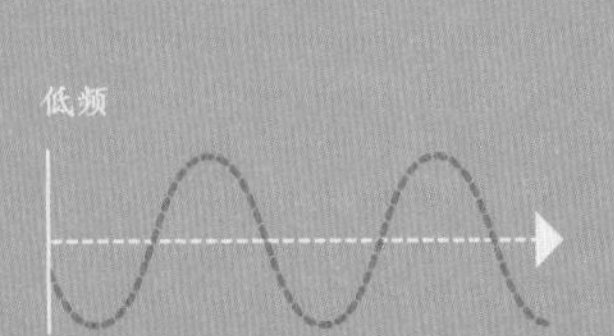


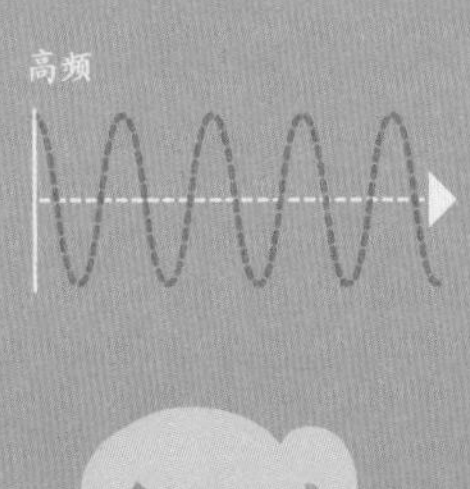

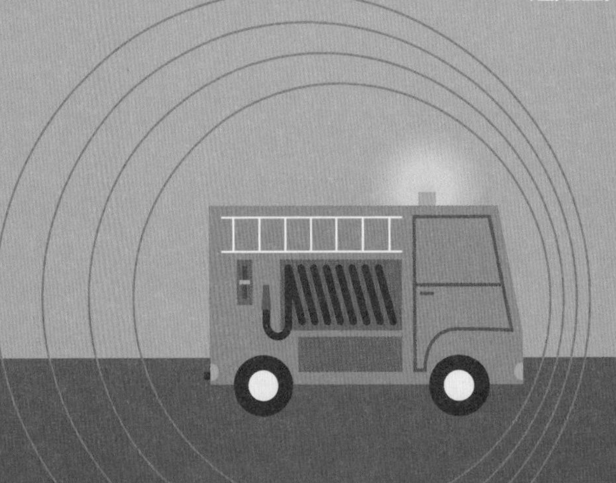

# 波的奥秘

**机械波**必须通过一种叫作**介质**的物质传播。只有当某种物质的基本粒子之间发生碰撞并传递能量时，才能实现波的传递。

**声音**是一种机械波。它能通过介质使我们的耳膜振动，这种振动最终会以声音的形式被我们的大脑探测到。

**在太空中，没人能听到你的尖叫……因为太空中没有介质，声音无法传播。**

声音在固体中的传播速度最快，在液体中次之，在气体中最慢。声音在水中的传播速度比在空气中的快四倍，所以鲸鱼可以在大海中进行远距离交流。

**当喷气式飞机的行驶速度接近音速时，会产生音爆[1]现象。这是由飞机产生的冲击波引起的。**

第二种波叫作**电磁波**。这种波的传播不需要介质，因为它是由电场和磁场的振动产生的。

将电磁波的波长按长短排列，就能得到一张**电磁波谱**。无线电波的波长最长——长度可达10千米！X射线的波长很短，只有几十亿分之一米。

大部分的电磁波我们都看不见（去第80页看看那些可见的电磁波吧），只能通过一些特殊的仪器探测到。宇宙中的许多物体都会发出无线电波。你的智能手机发出过咝咝声吗？说不定那是某个外星球给你传来的信息哟！赶紧接收，看看能不能听到外星人的声音……

1. 这是因为机械波的传播需要介质，而物体（比如这里的喷气式飞机）在运动的时候会扰动介质（空气）。飞机飞行时，飞机迎风那一面的空气会被压缩，当飞机飞得越来越快，对空气的压缩就越来越厉害，空气承受的压力就越来越大。当飞机接近音速（声音在介质中传播的速度）时，空气承受的压力过大无法及时传播疏导，于是飞机迎风的那一面就产生了一个蕴含巨大能量的激波面，这种巨大能量通过空气这种介质最终传到我们的耳朵时，我们就能感受到爆炸声，这就是音爆啦。

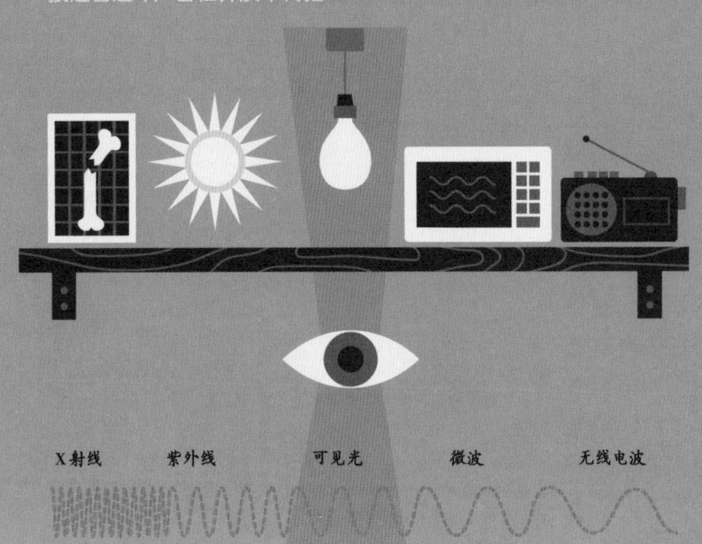

**海伦·梅高**
（1907—2002）
都柏林人，化学家。
她用X射线观察过各种不同的晶体，并绘制出了冰的结构，南极洲甚至还有一座岛是以她的名字命名的！

# 能量

当你听到"能量"这个词，
你或许会想到长跑、发电厂，甚至是太阳。
没错！这些都与能量息息相关，
但能量还有许多不同的形式。
咱们一起来看看吧！

能量

宇宙的运行遵循一个规则：能量既不会凭空产生，也不会凭空消失；它只会从一种形式转变成另外一种形式。我们每个人都非常擅长将化学能转化为动能——只需要吃一顿午餐，你就有力气东奔西跑了！

## 形形色色的能量

一切运动的物体都有动能，比如流水和风。

物体由于位置变化或形变而储存在内部的能量叫作势能。比如，一根拉伸的橡皮筋就有很大的势能。

当心哟！

化学能是化学物中蕴含的能量，可以给其他的东西提供动力。比如，汽油中有大量的化学能，可以带动发动机工作。

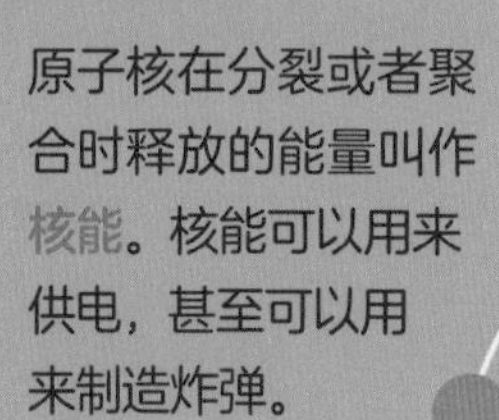


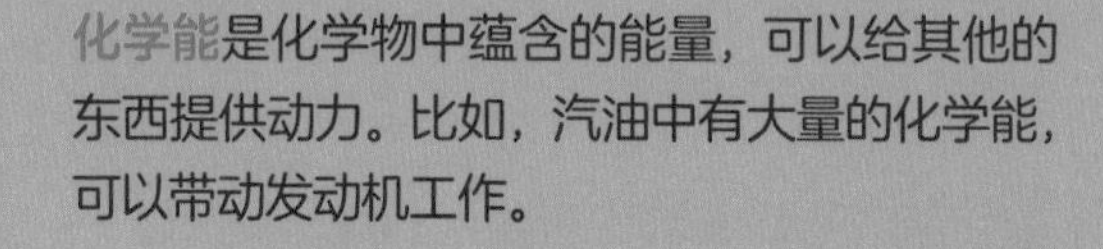

原子核在分裂或者聚合时释放的能量叫作核能。核能可以用来供电，甚至可以用来制造炸弹。

热力学之父——威廉·汤姆森
(1824—1907)
第一代开尔文男爵，生于爱尔兰贝尔法斯特。他对热力学第一定律和第二定律做出了重要贡献。为了纪念他，我们把绝对温标叫作"开尔文温标"。

热能是物质运动产生的能量：物质的运动速度越快，热能越大。温度是衡量物质分子运动快慢的指标。有一门学科专门研究热量与能量之间的相互作用，这门学科叫热力学。它是物理学的一个重要分支。

想要了解能量，就必须先了解三大定律（科学里的规则可比盖尔运动协会的要多得多！）。

**1** 说，在宇宙这样的封闭系统中，能量的总和是永远不会变的。记住，能量不会凭空产生，也不会凭空消失——它只会从一种形式转变成另一种形式。

几个世纪以来，科学家们一直在努力制造永动机——一种可以在没有能量来源的情况下无限运转的机器。但这完全是天方夜谭，因为这违背了热力学第一定律和第二定律。不过话又说回来，这样的事情谁敢打包票呢？说不定你能想到办法！

**2** 热力学第二定律说，宇宙的无序度（物体随机运动造成的混乱程度）一直在增加。你可以拿它来当不收拾房间的借口了。收拾房间就是在公然对抗热力学第二定律——快去告诉你的爸妈吧！

但愿你的父母不是物理学家，否则他们就会知道，局部的有序是可能的，但必须以其他地方的更大无序为代价——他们或许会用这个事实反驳你，让你把整间屋子都收拾了。

**3** 热力学第三定律告诉我们，所有的粒子在绝对零度或开尔文温度（零下273℃）下将停止运动。这个温度实在太、太……太低了，冷得连分子都无法移动。再也没有比这更低的温度了。

谁也无法让一个东西冷却到绝对零度，因为它会从周围的物质中吸热。要想达到绝对零度，就只能去宇宙之外试一试了！

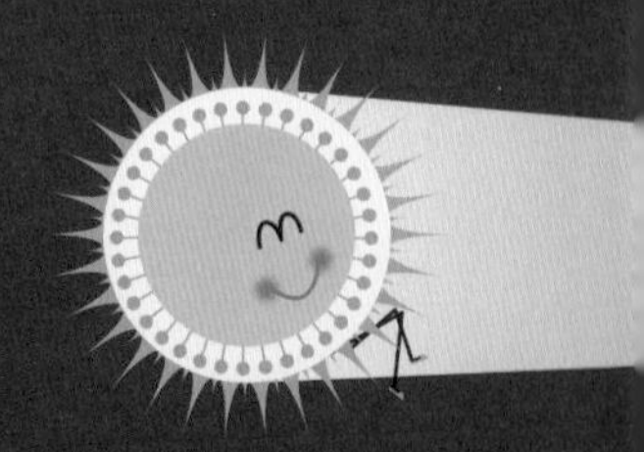

光对科学家有着极大的吸引力。它的传播速度快得惊人，可达30万千米/秒。宇宙中再也没有比它跑得更快的东西了。光速是目前宇宙中的极限速度。

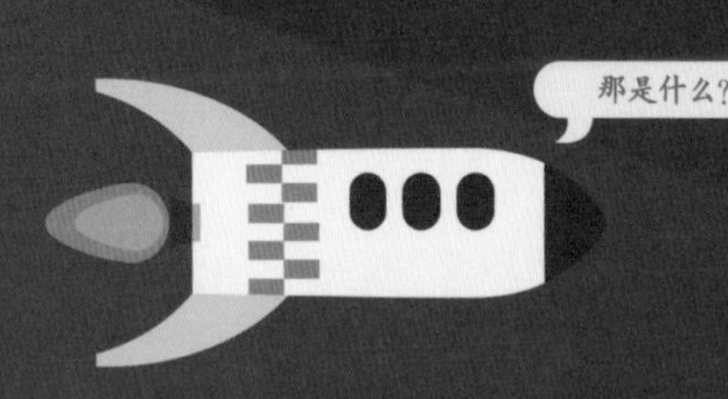

## 光芒万丈……

光到底是什么？光是太阳发出的一种能量，它以射线的形式传播。可见光是电磁波的一部分（去第77页翻翻看）。一旦光照到镜子上，便会以波的形式反弹回来。

觉得很简单吗？还没完呢！光同时也具有粒子[1]的特性。一束光是由数十亿个运动方向相同的粒子组成的。物理学家称，光具有波粒二象性，即同时拥有粒子和波的特性。哇！

“光”由一种叫作光子的微小粒子组成。光子比原子小得多，科学家甚至测不出它的真实大小。物质最小的基本单位是“量子”。我们现在就在量子力学的世界里。这里研究的是宇宙的微小粒子。（只要随便给某样东西贴上“量子”的标签，它听上去立马就高级了，比如量子养蜂……）

什么叫测不出“真实大小”？我在这儿呢！

## 原子的激发

光的传播方式看似简单，可实际上相当复杂。

1. 光源（比如太阳）产生的光子会汇聚成光线，并在传播过程中撞击其他的原子。

2. 这些原子会被激发，从而使得其电子跃迁到更高能量的轨道上。

3. 但这时的电子是不稳定的，它们会重新回到低能量的轨道上，并通过光子的形式释放出多余的能量。

原子核

这一切发生得太快，我们根本看不见！

1. 指组成物质的最基本的东西（或者称为“单位”）。

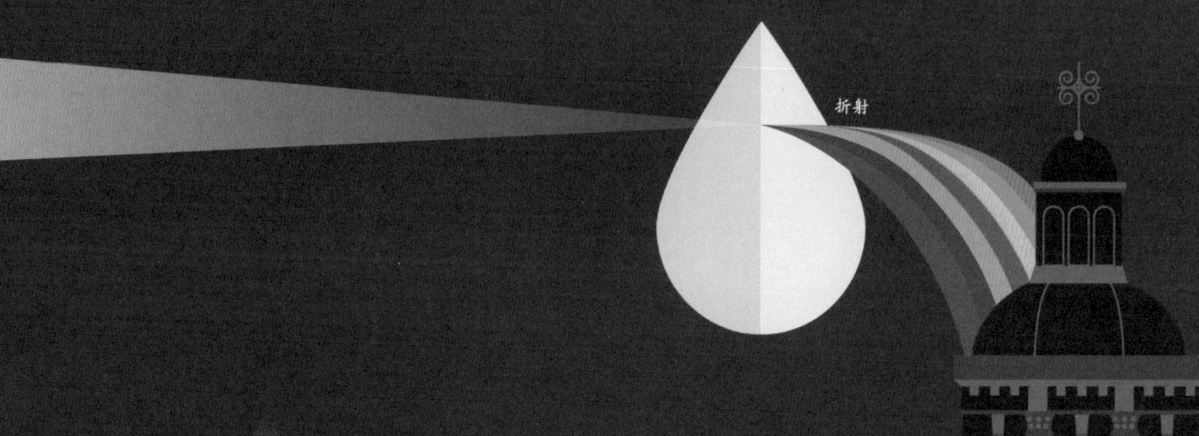


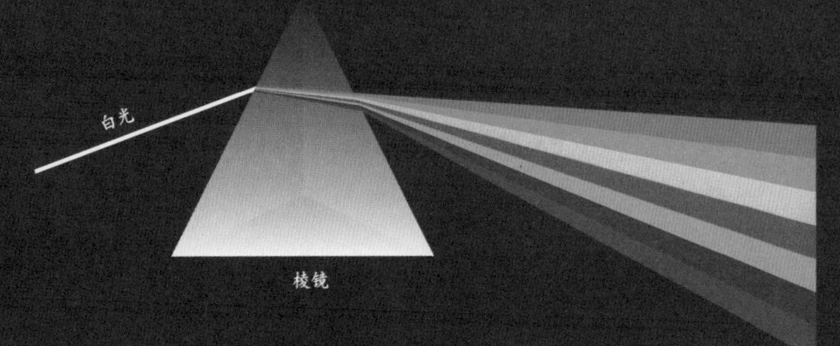

# 神奇的光

光最神奇之处就是它的颜色。白光是光谱中所有颜色的混合体。

艾萨克·牛顿命名了七色光——红、橙、黄、绿、蓝、靛、紫。在阳光下，你能看见黄色的花，是因为那朵花把其他颜色的光都吸收了，只反射了黄色光。由于空气对蓝色光的散射作用比对其他颜色光的大，所以我们看到的天空是蓝色的。

透镜是一种弯曲、透明的材料，它能使光线弯折，这个过程叫作折射。

玻璃透镜可以用来对焦、放大或拉近远处的物体。正是因为透镜的发明，才使人类研究出望远镜和显微镜。

光束穿过棱镜（一种特殊形状的透明体）后会产生分光或色散现象。自然界中有一些天然的棱镜，比如雨滴。当阳光透过这些小水滴时，不同颜色的光线会被分开，从而形成我们看到的彩虹。

激光是一种高度聚焦的光，被广泛应用于科学、医学和建筑领域（有时还可以用来逗逗宠物猫）。它的另一大用途体现在光纤上。在光纤通信中，计算机的电信号转化成激光，通过电缆传输到另一台计算机上。可以说，没有光纤就没有互联网——所以请继续发光吧！

光子进了一家酒店。大堂经理说："欢迎光临！需要帮您拿行李吗？"光子回答："不用，谢谢！我来也空空，去也匆匆！"

约翰·丁达尔

（1820—1893）

出生于爱尔兰卡洛郡。他主要研究的是磁场和温室气体，但他最为人熟知的，是他对"天空为什么是蓝色"的解释。

# 四大基本力

科学的目标之一是能预测一些现象。比如，你从高处往下扔一块石头，你可以预测它会因为重力掉到地上。这是必然的。石头一定会往下掉，而不会往上升（如果这种情况真的发生了，你八成会被吓一大跳！）。

## 宇宙法则

这一切意味着宇宙有它的运行法则。之所以称之为“法则”，是因为它们制约着宇宙万物的运转。值得一提的是，这些自然法则永远无法被打破。小到电子，大到整个星系，它们让我们了解一切事物的发展规律。

比如，艾萨克·牛顿提出了万有引力定律，即两个物体无论其质量大小，相互之间都会有吸引力。据说牛顿当初是被一个从树上掉落的苹果砸中脑袋才想到这个定律的。不知道他后来有没有把那个苹果吃掉？（去第43页看看苹果背后的科学吧。）

阿尔伯特·爱因斯坦进一步完善了牛顿的万有引力理论。他提出，引力其实是由质量引起的空间变形，好比把保龄球放在一块橡胶板上所引起的变化。[1]他还提出了著名的$E=mc^2$方程，描述了能量（$E$）、质量（$m$）和光速（$c$）之间的关系。这个方程实在太深入人心了，许多人穿的T恤上都印着它！

## 有趣的基本力

引力应该很强大吧？你随便拿起某件东西，都能真切地感受到它的存在。嗯，它的确很强大——它可是将宇宙维系在一起的四大基本力之一哟！不过，它是四个基本力中最弱的一个！

1.如果不能很好地想象出将保龄球放在橡胶板上的情形，你可以拿一条毛巾，请爸爸妈妈或者两个朋友将毛巾悬空轻轻拉平，然后往毛巾上放一个比较重的东西，比如一个水杯（当心别摔碎了！），毛巾因水杯而产生的变形就好比这里所说的“空间变形”，如果你的毛巾是方格毛巾，方格条纹前后的变化或许能帮助你更好地理解“空间变形”。

爱因斯坦的相对论解释了宇宙中的两件怪事。

物体运动的速度越快，时间走得就越慢。想象一下，假如把两个非常精确的时钟设定在同一时间，然后把其中一个放在火箭上送入太空，随后带回地球。你会发现，快速移动的时钟要比静止的时钟走得慢。

另一个奇怪的现象是，物体在运动时体积会缩小。尺子在太空中高速移动时，在移动方向上的长度会变短，等它慢下来之后，又会恢复到原来的长度。实在太诡异了！

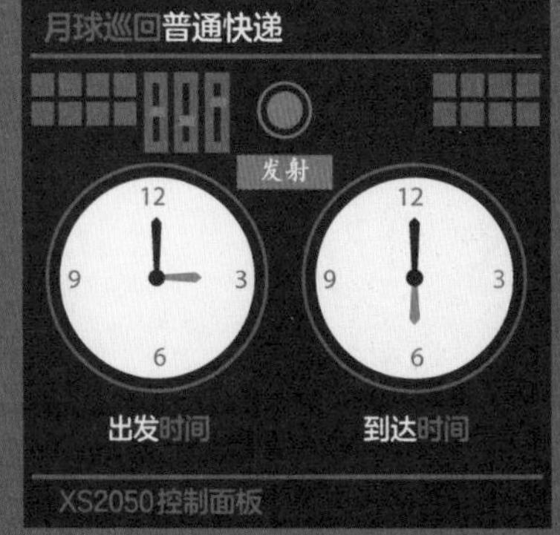


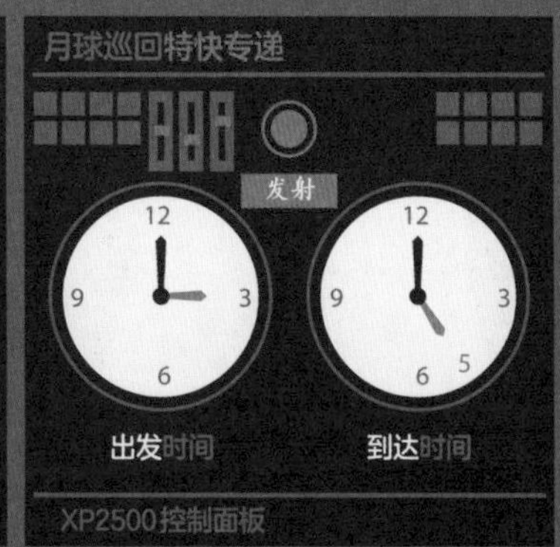

第二种力是电磁力（再回到第73页充充电吧）。电、磁和光都是由这种力的相互作用产生的。在日常生活中，引力和电磁力的作用随处可见，然而，接下来介绍的两种力的作用效果只能在微观的原子层面观察到。

第三种力是弱核力（简称“弱力”）。其他几种力让原子结合在一起，而弱力的作用则是让物质分裂，或者称为衰变。当原子核内的中子转化成质子和电子时，就会发生衰变。原子核衰变过程中伴有能量的释放，这些释放出来的能量我们称为辐射。

辐射会对人体造成伤害，并可能诱发癌症。只要运用得宜，辐射也可以造福社会，比如它可以用于医疗和发电。目前，核电站面临的一大问题是其产生的放射性废料该如何处置。这些废料必须在钢筋混凝土建造的贮存池中隔离存放相当长一段时间，这样其放射性才会降至安全水平。

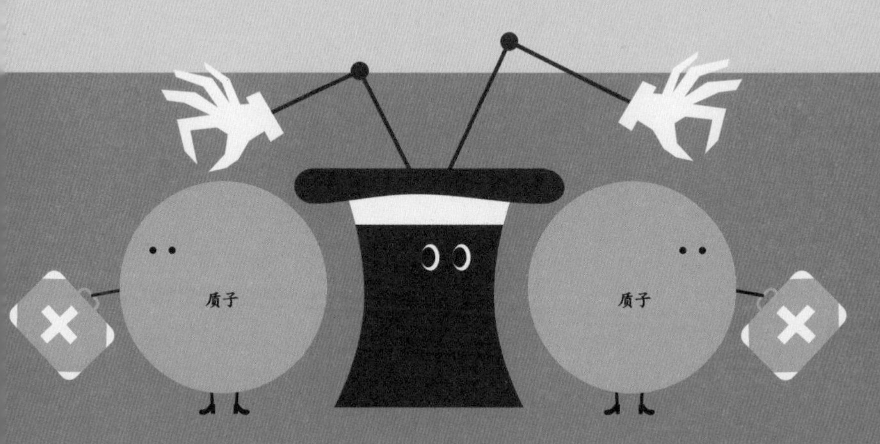


## 合成一体

四种基本力带我们了解了这个小得根本看不见的世界。我们知道它们一定存在。因为如果没有它们，你和宇宙中的一切将会变得支离破碎，最终化为乌有。

最后，还有第四种力。这种力可比前三种力强多了——它是宇宙中最强的力。我们已经在电磁力中了解到“异性相吸，同性相斥”的原理（去第72页复习一下吧）。我们还知道，原子核内充斥着带正电的质子——所以它们应该会互相排斥才对。但事实并非如此。似乎有某种力把这些质子紧紧地拉在了一起，即使它们都带有同种电荷。我们把这种力称为强核力。嗯，宇宙中所有的物质都是被强核力维系在一起的。

乔治·弗朗西斯·菲茨杰拉德
（1851—1901）
物理学家，生于都柏林。
他解释了为何移动的物体长度会缩短。
后来，爱因斯坦也用到了他的研究成果。

# 微观世界：未来篇

在微观世界里，
时刻发生着各种激动人心的事情。

化学家们一直没有停下探索的步伐：他们正努力研发用于治病的新药，从可再生资源中获取能源，以及改进汽车和其他机器的电池。此外，他们还在开发一些很酷的新产品，比如可以放进口袋里给手机充电的纳米海绵充电器、可改善视力的人造视网膜，以及会发光的衣服。他们会继续研究各种化学反应，把新科技带到我们生活的各个角落。

与此同时，那台大型强子对撞机正在重启，准备进行新一轮质子撞击实验。迄今为止，它已经制造了3亿千兆（GB）的数据，相当于在线播放一千年视频所产生的流量，而且是不间断播放哟！

谁也不知道这些神奇的知识会带着我们通往何处。或许我们能找到一种既不会破坏地球，又取之不尽、用之不竭的能量；或者拥有一种能在星星之间极速穿梭的能力；又或者，我们可以穿越时空——虽然这听起来很不可思议，但爱因斯坦的相对论表明这是有可能的。

物理学的探索永无止境，拥有无限的可能。只需要一点想象力，再加一点科研工作，你就能在这个领域不断前行，探索未知的奥秘。

# 科学小实验

## 想当数学家吗？

用下面这道数学题让你的朋友们大吃一惊吧。保证管用！

数学家

让你的朋友想一个数字写下来，随后让他用这个数乘以2，加上6，再除以2。

然后用得到的结果减去他一开始想的那个数。

答案一定是3！

**小贴士：** 千万记得要让他们加上一个偶数，随便什么偶数都行，得出的结果一定是那个偶数的一半！剩下的就只是简单的数学运算了。

## 想当物理学家吗？

找一根长的铁螺丝、一节电池、一米铜线和一卷电工胶带。

物理学家

把铜线缠在螺丝上，尽量多缠几圈，但不要重叠。在螺丝两端各留出一截铜线。

用电工胶带把螺丝一端的铜线贴在电池的一端，把另一端的铜线贴在电池的另一端。

大功告成！你知道吗？你已经做好了一个电磁体！现在你可以用它来吸一些轻的磁体了，比如回形针。

实验完成后，记得拆除铜线，否则电池会发热的，一定要注意安全！

## 想当化学家吗？

想试试舌头被二氧化碳包裹是什么感觉吗？

化学家

切一片橙子，在小苏打粉里蘸一下。咬一口……

橙子里的柠檬酸会和小苏打发生反应，产生无数个二氧化碳气泡。

不过，味道可不怎么样！

**记得一定要注意安全哟！**

# 再见啦！

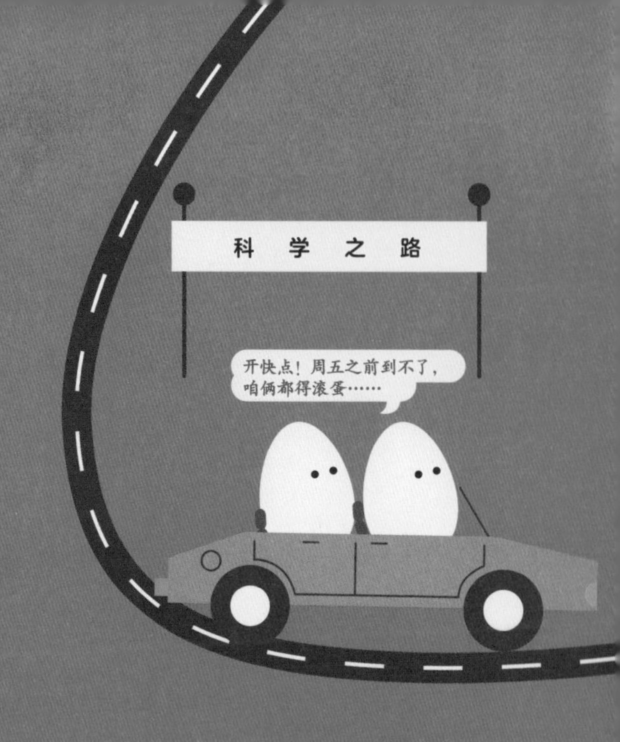


谢谢你们和我一起踏上这段不可思议的旅程。
我们共同走完了一段很长很长的路。
这一路上，科学一直在给我们指引方向，
带我们从无穷大看到了无穷小。
希望你享受这趟旅程，反正我是乐在其中的。
别忘了，我可是个科学家！

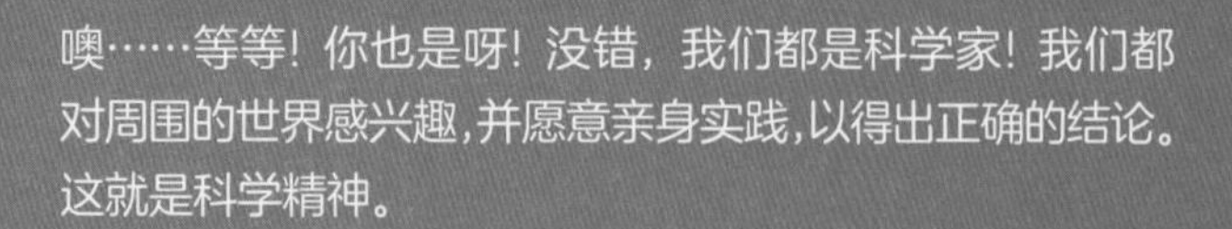

噢……等等！你也是呀！没错，我们都是科学家！我们都对周围的世界感兴趣，并愿意亲身实践，以得出正确的结论。这就是科学精神。

1660年，世界上最古老的科学组织——英国皇家学会——在伦敦成立。从此，这个特殊的俱乐部便成了科学家们探讨新发现、交流新想法的乐园。这个地方藏龙卧虎，成员有艾萨克·牛顿、查尔斯·达尔文、西格蒙德·弗洛伊德、居里夫人、阿尔伯特·爱因斯坦和爱尔兰的罗伯特·玻意耳等。他们谈论的话题都和科学有关。

许多国家都以此为榜样，纷纷开始成立自己的俱乐部。1785年，爱尔兰皇家科学院正式成立，其学科领域涵盖了人文和社会科学。（别被“皇家”这个说法给吓着了——在那个时代，如果没有国王或王后的支持，试问有谁会听你的呢？不过话又说回来，难道科学家们比不上那些高高在上的皇室贵胄吗？！）当初的英国皇家学会至今仍然活跃在科学界，它有一句座右铭——**不要迷信任何人说的话**。

这意味着我们需要自己去发现事物的真相。科学家们始终在锲而不舍地寻找真相，这其中的艰辛外人不得而知，但当他们最终找到时，便觉得一切都值了。今天，我们比以往任何时候都更需要真相。

我们不能“迷信任何人说的话”，因为在我们这个时代，人们对同一件事往往会得出不同的结论，有的人甚至会联合起来编造假象。同一件事，你可能在新闻上看到一种说法，在互联网上却看到另一种说法，然后到了教室又会听到第三种说法。或者，你某一天读到了一篇讲某个东西的文章，可过了一个星期，你又读到了一个与之完全对立的版本。

比如，你也许看到过下面这两种说法：

**鸡蛋吃了会致命！**　　　　**鸡蛋能治百病！**

哪种说法是真的呢？不容易判断，对吧？但你可以分三步走：停一停，想一想，查一查。“**不盲信媒体**”乃是上策。

第一步，**停一停**——特别是当你读到某个标题的时候。它或许非常吸引你的眼球，但标题并不能告诉你整个故事。社交网站上的短帖子也是如此。即使某件事成了热门话题，在网络上疯传，也不代表它是真实可信的。社交媒体上的信息传播速度很快，而且往往都是虚假消息。

第二步，**想一想**。如果某个消息听起来觉得难以置信，那它很有可能就是假消息。人都有倾向性思维，这就意味着我们容易受到个人观点的影响。我们往往更愿意相信自己认同的事情——比如，我讨厌吃鸡蛋，正好又看到吃鸡蛋有害健康，自然会认为这消息肯定是真的！

最后一步，**查一查**。查查看有没有别的平台也报道了这条消息。如果没有，那这很可能是假消息。再看看消息是谁传出来的。如果宣称鸡蛋千好万好的是全世界最大的鸡蛋生产厂家，那你可能要留个心眼儿了。如果发帖子的人是收了钱然后替别人捉笔操刀的网红（这个背后的人是真正的“蛋头博士”[1]），那这消息可能就是假的。帖子里提到了消息的来源吗？如果没有，或者标注的来源有点不大对劲（就像放久的鸡蛋），那么你也要当心了。

不要迷信任何人说的话。要始终保持怀疑的态度。罗伯特·玻意耳就写过一本《怀疑派化学家》，这是他最著名的书。

1. 美国电影《刺猬索尼克》中的大反派。——译者注

那么，你又该如何对待我在这本书里告诉你的知识呢？你怎么知道我说的是不是真的？不要迷信我的话哟！（虽然我能拍着胸脯向你保证，我讲的都是真的。）继续探索吧！**不要停下寻找真理的脚步。**看完这本书并不意味着你的科学之旅结束了，而是为你开启了另一段新的旅程！

你或许会成为一名真正的科学家，发现新奇事物。你还可以成为宇宙学家、数学家、气候学家、古生物学家、生物化学家、动物学家、免疫学家、医学家，或者某个前所未有的新领域的专家。我要向你发起挑战，看你敢不敢在前人从未踏足的领域做出新的科学探索。

由于各种原因，不是每个人都有机会名垂科学史，但科学的大门向所有人敞开。如果我们只用一种方式看世界，那我们对世界的理解一定很狭隘。因此，在这趟伟大的**科学旅程**中，我们需要那些拥有不同背景的科学家为我们引路。

在这本书中，我们认识了大到无穷大、小到无穷小的东西，而你就在这两者之间——如同沧海一粟，存在于这个浩瀚、古怪、可怕又神奇的宇宙中。

这样说或许会让你觉得自己很渺小。但不要害怕，你很重要，你可以创造奇迹！来吧，跟科学家们一起无畏前行！

不然，你想好了在这颗旋转的大球上做些什么才不会虚度光阴吗？

**我们需要你！**

# 科学大事记

科学家们都是冒险家，他们做过许多疯狂的事情。艾萨克·牛顿曾经拿针扎进眼睛里，就为了看看会发生什么；居里夫人在她的床边放了一个放射性镭的样本当夜灯；巴里·马歇尔为了证明胃溃疡是由细菌引起的，曾一口吞下一剂细菌的培养液；著名电力发明家尼古拉·特斯拉对数字3尤为痴迷，甚至认为自己能与鸽子交谈；凯文·沃里克通过大胆的实验将电脑芯片植入身体，试图成为史上第一个半机器人（千万不要在家里尝试这些事情！）……或许，要成为一名伟大的科学家还真的需要一点疯狂。科学发明有时就是科学家们勇于冒险的成果，你在这一页就能找到一些真实的案例。

**约公元前250万年｜**人们开始用简单的石器切肉。

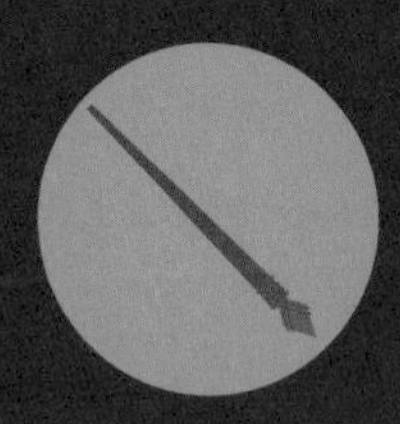

**约公元前50万年｜**人类历史上最早的武器——狩猎矛——诞生。

**约公元前40万年｜**我们的祖先直立人学会了生火。

**约公元前3500年｜**美索不达米亚人发明了车轮。

**约公元前1500年｜**腓尼基人发明了第一张字母表。

**约公元前200年｜**中国人开始使用司南（指南针）。

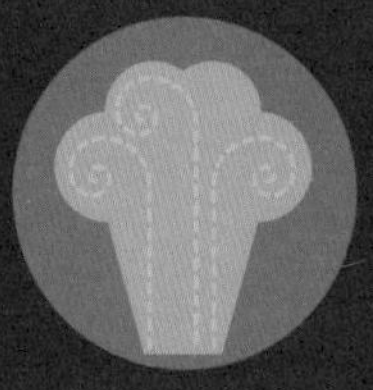

**公元50年｜**古希腊亚历山大港的希罗成为利用蒸气动力的先驱者。

**公元105年｜**中国的发明家蔡伦造出了史上第一张纸。

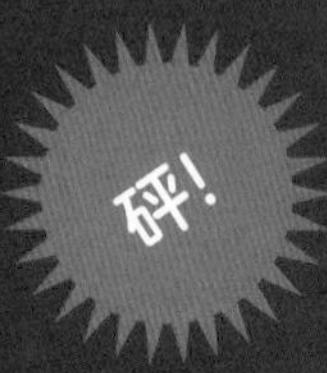


**公元808年｜**火药的配方首次出现在汉语典籍中。

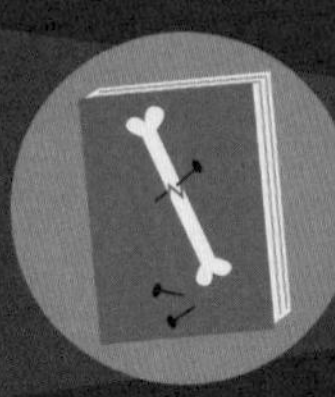

**1000年｜**阿布卡色斯撰写了一部医学百科，他因此被誉为"外科之父"。

**1021年｜**物理学家伊本·海瑟姆提出光以直线的形式传播。

**1450年｜**约翰内斯·古登堡用他发明的印刷机将印刷术引入欧洲。

**1600年｜**天文学家威廉·吉尔伯特提出地球具有磁性。

**1609年｜**伽利略改良了望远镜，并发现了木星的卫星。

**1662年｜**罗伯特·玻意耳提出了一个描述气体体积和压力之间关系的定律。

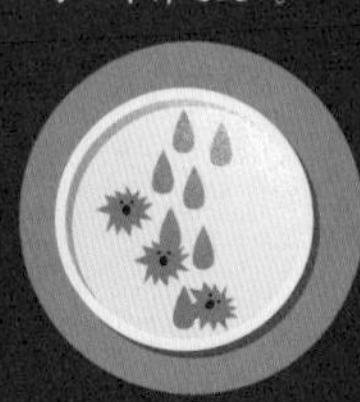

**1673年前后｜**安东尼·范·列文虎克改进了显微镜的功能。

**1687年｜**艾萨克·牛顿描述了万有引力定律。

**1698年｜**托马斯·塞维利研制出第一台真正意义上的蒸汽机。后来，托马斯·纽科门在他的基础上对其进行了改良。

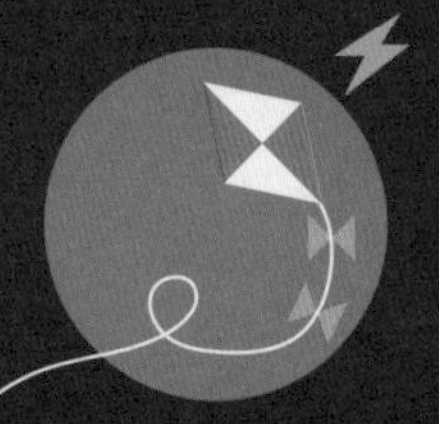

**1749年｜**美国的本杰明·富兰克林发明了避雷针。

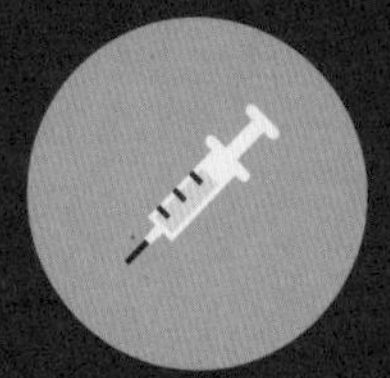

**1796年｜**爱德华·詹纳普及了天花疫苗。

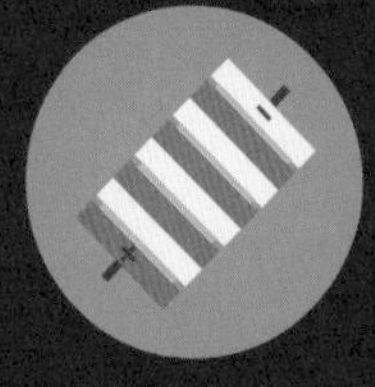

**1800年｜**亚历山德罗·伏特发明了电池。

**1811年｜**玛丽·安宁发现了史上第一具侏罗纪时代的化石。

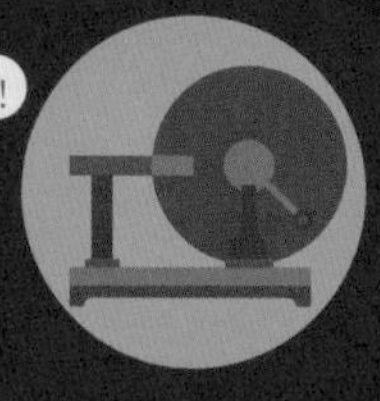

**1821年｜**迈克尔·法拉第发明了电动机。

**1830年｜**地质学家查尔斯·莱尔提出地球是好几百万年前诞生的。

**1834年｜**查尔斯·巴贝奇在阿达·洛芙莱斯的帮助下发明了第一台计算机。

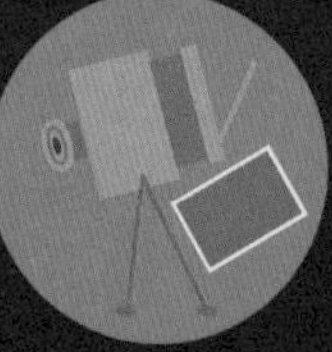

**1838年｜**路易斯·达盖尔发明了现代照相术。

**1844年｜**塞缪尔·莫尔斯发送了第一份电报。

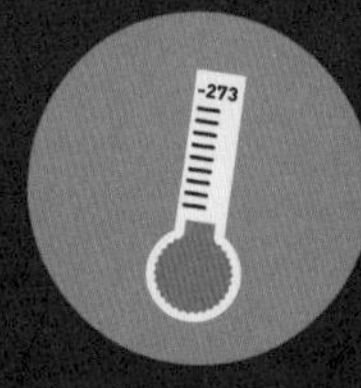


**1848年｜**开尔文勋爵发现了绝对零度（-273℃）。

**1859年｜**查尔斯·达尔文出版了《物种起源》一书。

**1859年｜**第一台内燃机成功问世，为汽车的发明奠定了基础。

**1876年** | 亚历山大·格拉汉姆·贝尔发明了第一部电话。

**1895年** | 法国的卢米埃尔兄弟发明了电影放映机。

**1901年** | 古列尔莫·马可尼在爱尔兰发送了世界上第一个横越大西洋的无线电信号。

**1903年** | 莱特兄弟的第一架飞机试飞成功。

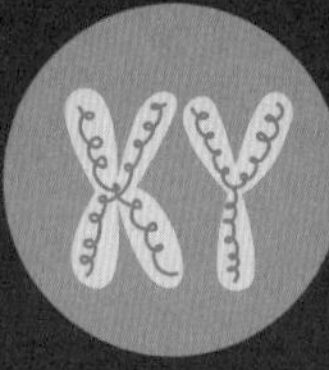

**1905年** | 遗传学家内蒂·史蒂文斯和埃德蒙·威尔逊发现了性染色体。

**1907年** | 酚醛树脂的发明开启了塑料时代。

**1909年** | 欧内斯特·卢瑟福通过实验揭示了原子结构。

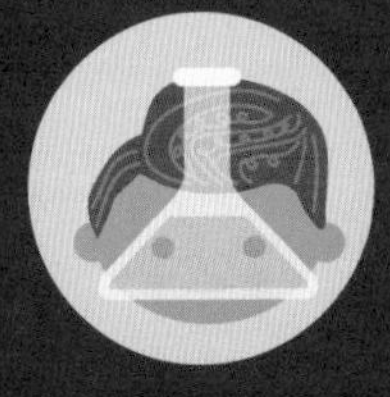

**1911年** | 居里夫人因发现两种新元素钋和镭获得诺贝尔奖。

**1925年** | 约翰·洛基·贝尔德发明了第一台电视机。

**1928年** | 亚历山大·弗莱明在偶然的情况下发现了青霉素。

**1932年** | 欧内斯特·沃尔顿和约翰·科克罗夫特首次成功分裂原子核。

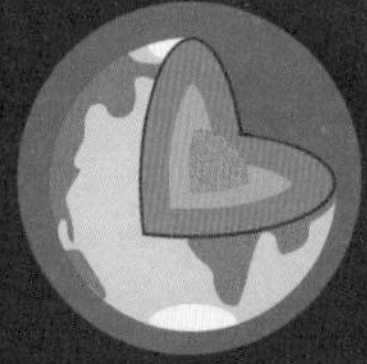

**1936年** | 地质学家英奇·雷曼发现地核是固态的。

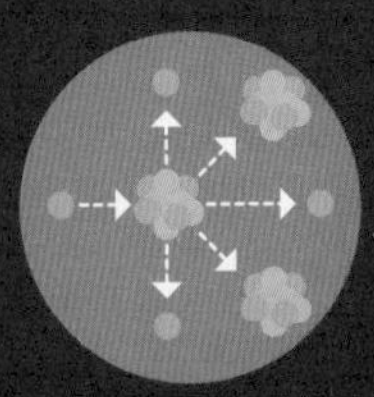

**1938年** | 奥托·哈恩、弗里茨·斯特拉斯曼、莉斯·梅特纳和奥托·弗里施发现并解释了核裂变现象。

**1942年** | 恩利克·费米建立了人类历史上第一座核反应堆。

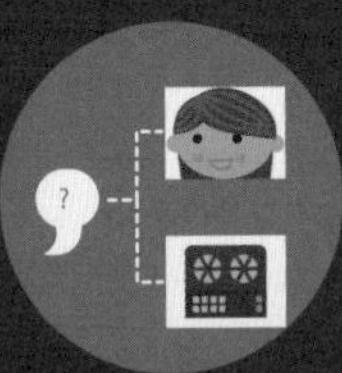

**1950年** | 英国数学家艾伦·图灵设计出了一项识别人工智能的测试。

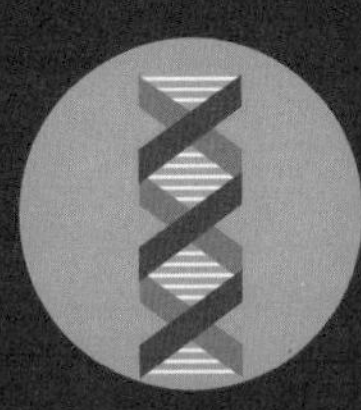

**1953年** | 弗朗西斯·克里克、詹姆斯·沃森、莫里斯·威尔金斯和罗莎琳·富兰克林发现了DNA分子的结构。

**1954年** | 约瑟夫·默里医生完成了第一例器官移植手术。

**1957年** | 苏联发射了世界上第一颗人造卫星——伴侣号（Sputnik），从此开启了人类的太空时代。

**1967年** | 乔瑟琳·贝尔·伯奈尔和安东尼·休伊什发现了脉冲星。

**1969年** | 美国“阿波罗11号”载人飞船登陆月球。

**1977年** | 美国国家航空航天局发射“旅行者一号”和“旅行者二号”探测器。

**1978年** | 天文学家维拉·鲁宾和肯特·福特发现遥远星系中存在暗物质。

**1981年** | IBM公司推出首部个人电脑。

**1989年** | 蒂姆·伯纳斯-李发明了万维网。

**1990年** | 哈勃空间望远镜发射升空。

**1996年** | 世界上第一只克隆哺乳动物——克隆羊“多利”诞生。

**1997年** | 美国国家航空航天局发射的第一架火星探测器成功登上火星。

**2003年** | 人类基因组计划圆满落幕。

**2004年** | 脸书（Facebook）的诞生开启了社交媒体时代。

**2007年** | 苹果公司发布了第一代iPhone手机，引发了一场智能手机革命。

**2012年** | 科学家们找到了希格斯玻色子存在的证据。

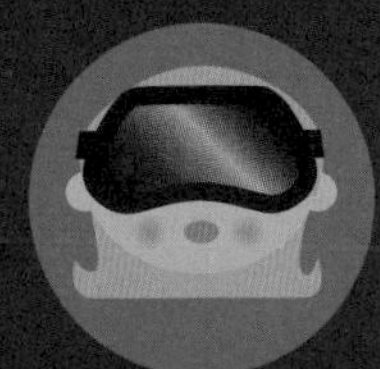

**2012年** | 第一款商用虚拟现实头戴式眼镜Oculus Rift问世。

**2019年** | 人类首次拍摄到黑洞的图像。

**2019年** | 人类首款商用快递机器人Spot问世。

**未来** | ?

### 作者卢克

首先，我要感谢吉尔图书公司的莎拉·利迪，是她的提议让我写下了这本书，而且她在内容上也给了我许多帮助——谢谢你，莎拉，在这个过程中我自己也学到很多！其次是琳达·法林，谢谢你画出如此精美的插画，让书里的文字变得更生动有趣——琳达，和你合作非常愉快！同时，我还要感谢我的编辑希拉·阿姆斯特朗，她对这本书提出了许多宝贵意见，要说她是第二作者也不为过——多谢你，希拉！和你一起工作的确是一件乐事！有时我在想，你的科学知识如此渊博，尼尔·阿姆斯特朗该不会是你家亲戚吧？最后，这本书的诞生离不开下列科学家的帮助，在此一并谢过：安迪·基林（免疫学家）、汉弗莱·琼斯（生物学家）、保罗·纽金特（物理学家）、卢克·特鲁里（宇宙学家）、麦克·墨菲（化学家）、莎拉·科克伦（免疫学家）、塞安娜·迪斯金（免疫学家）、伊桑·柯伦（未来科学家）、史蒂夫·奥尼尔（化学工程师）、萨姆·奥尼尔（火箭科学家）和玛格丽特·沃洛（生物化学家）。感谢你们帮助我完成这本书！希望这本书能鼓励我们的读者和我们一起参与这趟伟大的科学冒险。

### 插画师琳达

感谢吉尔图书公司的莎拉、希拉和她们的团队，是你们把这趟大到无穷大、小到无穷小的旅程变为可能。卢克，谢谢你给我讲的许多知识，比如那些圣诞节吃剩的巧克力都去了哪里……我还要感谢我的老师们，以及全天下培养未来的科学家和艺术家的园丁们，同时更要感谢那些拥有好奇心的孩子们！谢谢爱尔兰斯莱戈学院的安妮卡和莱斯利，还有插画师协会（AOI）的乔治亚和路易丝，谢谢你们从始至终都支持我！谢谢卡尔和费雷娅·布伦南。谢谢凯西安妮给微观宇宙那一章想出的有趣对话。感谢萤火虫公司的马丁、奥利和特雷西。感谢耶夫勒大学的杰西卡、亨里克、马尔科、里克、尤利安，以及我的同窗好友，谢谢你们带给我的宝贵启发与欢笑。感谢我在爱尔兰插画师公益联盟（Illustrators Ireland）的同事们。谢谢露慈、梅芙、奥尔加、菲利普、西尔弗、弗雷德和迪尔德丽给予我的帮助。感谢斯莱戈郡的居民，当然还有我的邻居们，谢谢你们热情地向我伸开双臂。谢谢我的父母、家人，谢谢杰尼斯、雅各布、丽贝卡和亚当，谢谢你们始终陪在我身边。最后，我要特别感谢我的丈夫布莱恩和儿子阿尔宾（他帮我画了“细胞核”插图中的心跳线）。嘿！我爱你们！我愿为你们摘星捧月，甚至飞向没有尽头的浩瀚宇宙！

图书在版编目（CIP）数据

诺贝尔奖评委写给孩子的万物简史 /（爱尔兰）卢克·奥尼尔著；（瑞典）琳达·法林绘；朱亚光译. — 北京：北京联合出版公司，2021.5（2022.11重印）

ISBN 978-7-5596-5259-1

Ⅰ. ①诺… Ⅱ. ①卢… ②琳… ③朱… Ⅲ. ①自然科学－少儿读物 Ⅳ. ①N49

中国版本图书馆CIP数据核字（2021）第076568号



诺贝尔奖评委写给孩子的万物简史

作　　者：（爱尔兰）卢克·奥尼尔
绘　　者：（瑞典）琳达·法林　　译　　者：朱亚光
出 品 人：赵红仕　　出版监制：辛海峰　陈　江
责任编辑：夏应鹏　　特约编辑：郭　梅
产品经理：卿兰霜　　版权支持：张　婧
封面设计：吾然设计工作室　　内文制作：任尚洁

北京联合出版公司出版
（北京市西城区德外大街83号楼9层　100088）
北京联合天畅文化传播公司发行
天津丰富彩艺印刷有限公司印刷　新华书店经销
字数 100千字　889毫米×1194毫米　1/16　6.25印张
2021年5月第1版　2022年11月第3次印刷
ISBN 978-7-5596-5259-1
定价：88.00元